蒸压粉煤灰砖砌体
基本受力性能

徐春一　王晓初　余希　著

中国建材工业出版社

图书在版编目（CIP）数据

蒸压粉煤灰砖砌体基本受力性能/徐春一，王晓初，余希著．—北京：中国建材工业出版社，2016.7
ISBN 978-7-5160-1558-2

Ⅰ.①蒸… Ⅱ.①徐… ②王… ③余… Ⅲ.①蒸压—粉煤灰砖—砌体结构—受力性能 Ⅳ.①TU522.1

中国版本图书馆 CIP 数据核字（2016）第 145719 号

内 容 提 要

本书通过科学、细致的理论分析及系统的试验研究，对蒸压粉煤灰砖的基本受力性能给予了全面、系统的科学阐述。主要内容包括绪论、蒸压粉煤灰砖的材料性能、蒸压粉煤灰砖砌体轴心受压力学性能、偏心率对蒸压粉煤灰砖砌体受压性能的影响、高厚比对蒸压粉煤灰砖砌体长柱受压性能的影响、蒸压粉煤灰砖砌体受剪力学性能等。

本书内容从实际应用出发，侧重于蒸压粉煤灰砖的生产、砌体理论及其试验研究，解决了蒸压粉煤灰砖建筑在推广过程中的应用技术问题。鉴于本书的工程应用性和工程实践性突出，故可供从事蒸压粉煤灰砖砌体的设计、制作、施工等工程技术人员参考。

蒸压粉煤灰砖砌体基本受力性能

徐春一　王晓初　余希　著

出版发行：中国建材工业出版社

地　　址：北京市海淀区三里河路 1 号
邮　　编：100044
经　　销：全国各地新华书店
印　　刷：北京鑫正大印刷有限公司
开　　本：710mm×1000mm　1/16
印　　张：6.75
字　　数：110 千字
版　　次：2016 年 7 月第 1 版
印　　次：2016 年 7 月第 1 次
定　　价：**32.00 元**

本社网址：www.jccbs.com.cn　　微信公众号：zgjcgycbs
本书如出现印装质量问题，由我社市场营销部负责调换。联系电话：（010）88386906

序　言

　　非常高兴看到本书的出版，本书通过科学、细致的理论分析及系统的试验研究，对蒸压粉煤灰砖的基本受力性能给予了全面、系统的科学阐述，为蒸压粉煤灰砖的科学生产及其应用推广，提供了科学依据。

　　在国家可持续发展大政方针的指引下，从20世纪末，我国为了节约土地、充分利用资源，实施了新的墙改政策，所以墙体材料的革新势在必行。在日新月异的建筑工业方面，如何打破旧的生产方式并寻找新型的生产原材料；改革落后的制砖工艺而研发具有严格养护制度的新的生产方式；淘汰初级的低端设备而推广能极大提高砖的品质的砖机，已经成为行业发展亟待解决的问题，而研制并发展用于墙体方面的新型材料也必然成为材料与工程界近代研究的方向。

　　随着墙材革新、节能减排及发展循环经济等项工作的大力推进，蒸压粉煤灰砖已经愈来愈被人们所认识。该产品"吃"灰量大，外形尺寸规矩精准，价格便宜，便于推广应用；砖的强度等级范围大，能用于承重和自（非）承重墙体的砌筑；这种材料节能节土，保护环境，可实现工业废渣的循环再利用，符合国家可持续发展的产业政策。加快蒸压粉煤灰砖的研制和生产使用，既符合墙体材料产业发展的主题又有很好的经济效益、社会效益和环境效益。

　　徐春一博士是中国工程建设标准化协会砌体结构委员会委员，自她攻读硕士、博士学位起，一直在从事新型材料砌体结构受力性能理论、试验和数值计算相关方面的研究；前期发表与砌体相关的学术论文达20余篇，获得相关科研奖励6项；主编了中国工程建设标准化协会标准《蒸压硅酸盐企口小型砌块应用技术规程》，参编了《砌体结构后锚固技术规程》《钢管混凝土短柱隔震砌体房屋技术规程》等多部工程建设标准；通过多年的潜心研究，对蒸压粉煤灰砖建筑积累了较深的理论及实践经验。

徐春一博士针对蒸压粉煤灰砖在推广过程中所遇到的问题，并结合自身的研究所撰写的此书，无论对于高校的教学及科学研究，还是对于企业的应用推广，都有很高的参考价值。

高连玉　教授级高级工程师
中国建筑东北设计研究院有限公司
2016 年 7 月于沈阳

前　言

随着我国社会经济的发展和可持续发展方针政策的实施，近年来国家在建筑领域提出了一系列节能、节土的墙体改革政策及涉及新型墙体材料使用设计的规范。蒸压粉煤灰砖作为新型墙体材料以其自身的优越性得到人们广泛的认可，加之烧结黏土砖的生产和使用被禁止，蒸压粉煤灰砖必将成为其最佳替代产品。

蒸压粉煤灰砖作为新型墙体材料的一种，具有质量轻、降低环境污染、节土利废、改善建筑功能等特点，可以在很大程度上缓解由于粉煤灰的大量堆积和黏土砖的全面禁用所造成的压力。其以煤渣、煤灰作为主要原材料，量大面广，适用性能好，持续性强，尤其是我国已研制开发了压力吨位达到1100t的液压压砖机，使砖的强度和耐久性等有了很大提高。它的推广应用有利于促进我国可持续发展，既符合墙体材料产业发展的主题，又有很好的经济和社会效益。

作者在多年从事蒸压粉煤灰砖及其砌体理论与试验研究工作的基础上，吸收国内外该领域的最新科研成果，写成了本书。编著本书意在为蒸压粉煤灰砖建筑的健康发展提供科学依据，从产品种类及工艺、市场、技术创新、资源情况、产品性能、建筑结构体系、裂缝防治及施工技术等方面给予科学指导，解决蒸压粉煤灰砖建筑在推广过程中的应用技术问题。

在此要感谢中国建筑东北设计研究院高连玉教授、李庆繁教授在编著过程中给予的大力支持，还要感谢余希、李胜东、逯彪等研究生对本书编著工作的积极参与。

本书意在起到抛砖引玉的作用，为蒸压粉煤灰砖建筑能够得到较好的发展提供科学依据，为国家的经济建设做出贡献。限于作者水平有限，书中难免有不妥之处，恳请有关专家和广大读者批评指正。

作　者
2016 年 5 月

目　　录

中国建材工业出版社
China Building Materials Press

第1章 绪 论

1.1 新型墙体建筑材料概述

新型墙体材料泛指传统使用实心黏土砖以外的各类墙体材料，是一种新型节能的建筑材料，是通过先进的加工方法制成的，具有轻质、高强、多功能等适合现代化建筑要求的建筑材料。其最大的特点是能够节省能源和资源，是一种能够满足21世纪建筑业要求的墙体材料。新型墙体材料的主要原料包括混凝土、水泥或粉煤灰、煤矸石等工业废料，也可用纤维作为增强材料，解决墙体材料脆性大的问题。与实心黏土砖相比，它具有节约资源、能源、土地，综合利用废弃物，轻质，高强，易于施工等优点，是建筑材料可持续发展的有效途径。

新型墙体材料已具有几十年的发展历史，早在20世纪五六十年代，建筑砌块就已在欧美国家普遍使用，而建筑板材也在20世纪90年代得到广泛推广。然而，近年来，随着我国建筑业的蓬勃发展，建筑结构发生了很大变化，建筑节能问题受到广泛关注，新型墙体材料才逐渐被人们所重视，并朝着复合墙体、轻质墙体方向发展。新型墙体材料的应用范围和用量呈逐年增长趋势，其发展方向不再仅仅是取代传统红砖，而是以节省能源和资源为最大特点，墙体材料的主要原料采用工业废料，生产过程中做到低能耗、低污染，产品用途更加广泛，并且可以满足建筑结构体系发展的需求，提高建筑施工效率[1]。

1.2 新型墙体材料的分类

新型墙体材料因其含义广泛，所以品种、用途十分多样。按照新型墙体材料的尺寸及形状，可分为：墙板、砌块、砖，如GRC板材、蒸压粉煤灰砖等；还可根据用途分为保温型墙体材料和非保温型墙体材料，承重型和非承重型墙体材料，内墙材料和外墙材料等，如空心砖、加气混凝土砌块、混凝土砌块等。目前，新型墙体材料大体可以划分为以下3类：

1

1. 砖类

非黏土烧结砖［采用以煤矸石、粉煤灰、页岩、建筑渣土、建筑基坑土、江河湖（渠）海淤泥、污泥、为建设用地平整土丘荒坡土等为主要原料生产的烧结多孔砖、烧结空心砖、烧结保温砖和烧结复合保温砖等］、蒸压硅酸盐砖（蒸压粉煤灰砖、蒸压粉煤灰多孔砖、蒸压灰砂多孔砖和蒸压灰砂砖等）、混凝土砖（承重混凝土多孔砖、非承重混凝土空心砖、混凝土复合保温砖和装饰混凝土砖等）等。

2. 砌块类

非黏土烧结砌块［采用以煤矸石、粉煤灰、页岩、建筑基坑土、建筑渣土、江河湖（渠）海淤泥、污泥、为建设用地平整土丘荒坡土等为原料的烧结多孔砌块、烧结空心砌块、烧结保温砌块和烧结复合保温砌块等］、混凝土砌块（普通混凝土小型砌块、轻集料混凝土小型空心砌块、装饰混凝土砌块和混凝土复合保温砌块等）、蒸压加气混凝土砌块和石膏（空心）砌块（工业副产石膏为原料）等。

3. 板材类

蒸压加气混凝土板、建筑隔墙用轻质条板、石膏空心条板、玻璃纤维增强水泥轻质多孔隔墙条板（GRC 板）、建筑用金属面绝热夹芯板、建筑平板（包括纸面石膏板、纤维增强硅酸钙板、纤维增强低碱度水泥建筑平板、维纶纤维增强水泥平板、建筑用石棉水泥平板）等。

注：上述各种墙体材料的产品质量，应符合国家现行有关标准的规定。

1.3 新型墙体材料的发展及趋势

1. 砖类新型墙体材料的发展

根据我国的基本国情，以及各地经济发展的差异，"禁实"的力度也因地制宜，实行逐步"禁实"的举措。烧结黏土砖还在一定程度地存在着，砖材的发展也是遵循由烧结实心黏土砖，到空心黏土砖，再逐步过渡到工业废渣砖的发展趋势。近年来，实心黏土砖和空心黏土砖已被逐渐取代，取而代之的是以工业废渣为原材料的蒸压砖、烧结砖。比如，蒸压粉煤灰砖、蒸压灰砂砖、烧结煤矸石砖、烧结页岩砖、煤渣砖、黄河泥沙砖、黄金尾砂砖等都在实际工程中得到了很好的应用。

2. 砌块类新型墙体材料的发展

（1）混凝土砌块

混凝土砌块是块类墙体材料的主要品种之一。其中，混凝土小型空心砌块是以水泥、工业废渣为主要原材料制成，生产工艺简单，设备投资少，生产成本低廉。使用混凝土砌块作墙体材料，较使用传统的黏土砖具有节约土地、降低能耗、保护环境、利用工业废渣、改善建筑功能和提高建筑施工工效等许多优点。考虑不同条件的影响，混凝土小型空心砌块建筑比黏土砖建筑可降低造价 3%～10%，因此具有良好的经济效益。

（2）蒸压加气混凝土砌块

蒸压加气混凝土砌块是近年来发展最为迅速的块类墙体材料之一。蒸压加气混凝土的基本组成材料包括粉煤灰（或其他硅质材料）、水泥、石灰、石膏等，粉煤灰用量达到 80% 以上，是一种利废、轻质、保温的新型墙体材料。蒸压加气混凝土砌块可显著降低建筑物自重、提高强度，它的能耗低（包括生产能耗和使用能耗），可大量利用粉煤灰、尾矿砂和脱硫石膏等工业废弃物，符合发展循环经济战略。目前我国框架结构建筑的围护墙体也多采用蒸压加气混凝土砌块。

（3）石膏砌块

石膏砌块具有石膏建筑材料固有的特点，可概括为八个字：安全、舒适、快速、环保。石膏粉和石膏制品的生产能耗低，节能效果明显。生产石膏砌块还可以利用磷石膏、脱硫石膏、氟石膏等工业副产石膏作为原材料，从而达到利废环保、降低成本的目的。

新型墙体块材普遍具有质轻、高强的优点，并且在生产过程中大量使用了粉煤灰、工业废石膏等废渣，利废率高，社会效益与经济效益都很明显。

3. 板类新型墙体材料的发展

（1）空心隔墙板

空心隔墙板是我国轻质墙板中最早发展起来的板类墙体材料，主要包括水泥空心条板和石膏空心条板。水泥空心条板，又称"GRC 空心条板"，是以玻璃纤维为增强材料，以水泥轻质砂浆为基材制成的具有若干个圆孔的条形板，根据轻质材料不同又分为膨胀珍珠岩板、陶粒板、膨胀蛭石板等。石膏空心条板是以石膏为主要胶接材料经浇注成型的空心条板，根据轻质材料和添加材料的不同又可分为石膏珍珠岩空心条板、石膏粉煤灰空心条板、石膏矿渣空心条板等。空心隔墙板主要用于工业和民用建筑物的非承重内隔墙和活动房屋等，已经得到广泛应用。

（2）轻质复合墙板

轻质复合墙板是目前世界各国大力发展的又一类新型板材。其具有许多特殊的功能，如具有承重、防火、防潮、隔声、隔热等功能。根据用途不同又可分为复合外墙板、复合内墙板、外墙外保温板、外墙内保温板等。主要产品有钢丝网架水泥夹芯墙板、水泥聚苯外墙保温板、GRC 复合外墙板、金属面绝热夹芯板、钢筋混凝土绝热材料复合外墙板、玻纤增强石膏外墙内保温板、水泥/粉煤灰复合夹芯内墙板等。

水泥/粉煤灰复合夹芯内墙板是众多新型轻质复合墙板中的一种。它是以聚苯乙烯泡沫塑料板为芯材，以水泥、粉煤灰、增强纤维和外加剂为面层材料，复合制成的轻质墙体板材。水泥/粉煤灰复合夹芯墙板的两个面层，由纤维网格布及无纺布增强，使得制品强度高，芯材选用阻燃型聚苯乙烯泡沫塑料板，使得具有良好的保温隔热能力，该板材可以实现机械化生产，是良好的内隔墙板材。

（3）其他类轻质墙板

轻质板材种类繁多，还包括纸面石膏板、纸面石膏复合墙板、GRC薄板、植物纤维石膏复合板、植物纤维水泥复合板等。薄板类材料用于墙体时一般需要龙骨复合制作隔墙。纸面石膏板是以建筑石膏为胶凝材料，掺入适量添加剂和纤维作为板芯，以护面纸作为面层的一种轻质板材，具有轻质、耐火、加工性好等特点，还具有施工便利，可调节室内空气温、湿度以及装饰效果好等优点，目前我国年生产能力已超过10亿平方米。纸面石膏板可与轻钢龙骨及其他配套材料组成轻质隔墙与建筑吊顶材料。

4. 新型墙体材料的发展趋势

（1）利用工业废弃物

墙体材料的发展应向节土、节能、环保的方向发展。各种工业废弃物，如粉煤灰、煤矸石等，既占用大量土地进行堆放，又严重危害环境。我国粉煤灰的排放量自2012年以来，年排放量在5.70亿吨以上，煤矸石目前积存为45亿吨以上，2015年排出煤矸石近8亿吨。另外，磷石膏、钢渣、黄金尾砂、黄河淤泥等废弃物也占用大量土地，严重污染环境。这些工业废弃物如果不能得到妥善处理和有效利用，势必影响资源节约型、社会和环境友好型社会的构建。因此，充分利用工业废弃物生产墙材制品已成为发展新型墙体材料的一大趋势。

（2）发展功能性墙体材料

随着经济的不断发展，为满足人们对生活质量不断提高的要求，墙体材料的发展将更趋向于多功能性，例如要求墙体材料具有轻质、高强、隔热、隔声、防水、低收缩等性能特点。为适应现代建筑机械化施工的要求，墙体材料将向大块型方向发展。

（3）普及机械化连续生产技术

随着国家对新型墙材的扶持力度的逐渐加大，全国各地的墙材生产厂家如雨后春笋般建立起来，但是也面临着一个严峻的问题：墙体材料的机械化连续生产技术还没有得到普及，部分企业仍然采用半机械操作甚至手工作业，劳动强度高、生产效率低，产品质量得不到保证。因此，国家积极鼓励新型的机械化连续生产技术研发、应用与普及，提高生产效率，降低劳动强度，确保墙材产品质量。

（4）发展绿色墙体材料

发展绿色墙体材料是墙材发展的又一趋势。我国的天然石膏资源丰富，储量居世界之首，以石膏作为原材料的墙材制品，因具有安全、舒适、快速、环保等特点而备受人们的青睐。石膏的煅烧温度理论上只需要140℃，实际煅烧温度也只需300℃左右，生产能耗明显低于其他建筑材料，已成为发展绿色墙材重点应用的原材料。目前发达国家的隔墙材料约有70%都是石膏建材，而我国墙体材料中石膏墙材用量还不足10%，作为一个石膏储量大国，我们的石膏墙体材料的发展还有很大差距。另外，在国家环保政策的推动下，以烟气脱硫石膏为代表的工业副产石膏排放量逐年增多，利用脱硫石膏、磷石膏、氟石膏等工业副产石膏替代天然石膏作为墙材原材料也成为一种发展趋势。充分利用工业副产石膏，既可以减缓副产物堆弃所造成的二次污染，又可以减少天然石膏的用量，节约不可再生资源，同时可大大降低产品生产成本，提高产品收益。

（5）利用农业废弃物

农作物秸秆纤维可用作墙材制品的增强材料，能进一步提高其产品的机械性能。我国年产农作物秸秆约7亿吨，秸秆来源丰富，且价格低廉、密度低，具有良好的生物降解性。目前我国对秸秆的利用，除用于造纸、牲畜饲料外，大多数（70%～80%）是掩埋或焚烧后作为肥料，这不仅浪费了资源，而且由于焚烧产生大量烟雾，严重污染空气。从环保和资源再生利用的角度出发，对农作物秸秆进行加工处理，制成纤维，用作墙材的增强材料，可收到经济和环保的双重效益。

1.4 蒸压粉煤灰砖发展概况

国外蒸压粉煤灰砖的研究和应用比我国早。法国列柏林获得用石灰-砂在蒸压条件下制造人工石材的专利权；美国劳林德获得用磨细砂、水泥和水在蒸压釜处理制造人工石材的专利，并利用蒸压方法制备了23.8MPa的砖；俄国赫鲁谢夫首次在350℃的高压水蒸气条件下进行水热合成；格拉则纳普研究了灰砂混合物在蒸压处理制度方面的影响作用，认为灰砂质石料的强度取决于水化硅酸钙的生成量，其与砂子、石灰接触的总表面积、水蒸气的作用时间和压力值有关。从此，蒸压制品逐渐发展起来。在以后的时间里，随着粉煤灰的综合利用，蒸压技术也运用到粉煤灰制砖技术上来。如今，国外的蒸压粉煤灰砖制砖工艺、生产设备研发及设备控制系统应用技术已经趋于成熟。

　　蒸压粉煤灰砖作为新型墙体材料的一种，具有质量轻、降低环境污染、节土利废、改善建筑功能等特点，可以在很大程度上缓解由于粉煤灰的大量堆积和黏土砖的全面禁用所造成的压力，值得推广。其以煤渣、煤灰作为主要原材料，量大面广，适用性能好，持续性强，有利于促进我国可持续发展，既符合墙体材料产业发展的主题又有很好的经济和社会效益。

　　早在20世纪30年代，我国北京、上海、长春等地的手工作坊开始生产粉煤灰砖。砖瓦企业从20世纪50、60年代就开始研制生产蒸压粉煤灰砖，并成为我国自主研发成功、拥有自主知识产权的一种新型墙体材料。70年代颁布了蒸压粉煤灰砖产品质量标准，标准规定的各项主要技术指标和烧结普通砖大体相同，可代替黏土实心砖用于建筑工程。当时，因粉煤灰砖是用灰量最多、投资较少、建设比较快的项目，因而电力和排渣部门都很感兴趣。为此，在70年代末和80年代初，电力部门和排渣单位投资十几亿元，建设了上百条年产3000万块粉煤灰蒸压砖生产线，加上60年代末和70年代初建设的生产厂，全国有100多个蒸压粉煤灰砖生产厂，年生产蒸压粉煤灰砖能力达40多亿块，年用灰量800多万吨，形成了利用粉煤灰制砖的高潮。但由于生产工艺上大多应用自然养护、蒸养或者免蒸压的方法，使其产品质量较差，出现制品强度低、破损率高、墙体收缩裂缝严重等一系列问题，使粉煤灰砖的应用和发展受到严重影响。随后我国黏土实心砖有了较快的发展，每年以300亿块的速度增长，和粉煤灰砖等砖产品在市场上进行着激烈的竞争。到80年代后期，蒸压粉煤灰砖在市场竞争中垮了下来，产量急剧下降，生产厂家寥寥无几。

　　直到21世纪初随着烧结普通砖被限制生产以及政策上进一步增大新型墙体材料的推广力度，蒸压粉煤灰砖迎来了又一个发展机遇期，逐渐成为了新的投资热点。国家已将粉煤灰的综合利用技术列为重点推广应用的十项新技术之一。蒸压粉煤灰砖的推广不仅得到了国家政策上的扶持，更重要的是粉煤灰砖的制作技术进行了更新。压制成型是蒸压粉煤灰砖的关键工序之一，目前我国已研制开发了压力吨位达到1100t的液压压砖机，使砖的强度和耐久性等有了很大提高。目前生产的蒸压粉煤灰砖是以石灰、消石灰（如电石渣）或水泥等钙质材料与粉煤灰等硅质材料及集料（砂等）为主要原料，掺加适量石膏，经坯料制备、多次加压排气、压制成型、高压蒸汽养护而制成，从而使粉煤灰砖具有良好的物理力学性能及耐久性，质量较以往生产的粉煤灰砖有很大提高。以下将此种经高压蒸汽养护多次排气压制成的粉煤灰砖简称为蒸压粉煤灰砖，可分为蒸压粉煤灰实心砖和多孔砖，如图1-1所示。其具有的优势如下。

　　（1）性能优势分析

　　经高压多次排气压制成的蒸压粉煤灰砖，以其自身特有的性能（强度高、尺寸精确、性能稳定、价格低廉等），及与最新技术的配套，能使蒸压粉煤灰砖建筑的质量得到有力保障。而目前大量应用的粉煤灰砌块、免蒸粉煤灰砖也将丧失原有的市场。

（2）成本优势分析

蒸压粉煤灰砖生产成本低，材料来源广，价格便宜，使用性能良好，满足建筑要求。成本与售价均低于黏土实心砖。

（3）应用优势分析

在使用上通过材性选择、墙体构造设计，能够适应各种强度等级承重及非承重墙体设计需要。

（4）节能利废分析

我国火力发电每年排放粉煤灰高达 1.6 亿吨以上，占用大量土地，而每年生产的黏土砖消耗大量土地和燃煤。如果采用粉煤灰和灰渣作为集料生产新型节能墙体材料，将大大降低能源消耗，减少对大气和环境的污染，有利于我国经济可持续发展以及企业经济效益的提高。

图 1-1 蒸压粉煤灰实心砖和多孔砖

1.5 蒸压粉煤灰砖的发展前景[2]

1.5.1 蒸压粉煤灰砖经济效益明显

一个 4×50000kW·h 的热电厂，年产粉煤灰 20 万砘左右，炉渣 8 万砘左右，每年需要堆放的土地面积约为 44 万平方米（约合 66 亩），按每亩地租金 3000 元/年计算，每年的费用为 19.8 万元，并且这是每年递增的，还不包括补偿金、环境污染费等每年约 200 万～300 万元的费用。

如果建设一个年产 1 亿块粉煤灰蒸压砖的生产线，生产线投资在 2000 万元左右（包括锅炉在内），建设期为一年。此生产线年消耗粉煤灰 16.4 万吨，炉渣为 3.5 万吨，年节约堆放场地约 3.1 万平方米（约合 46.6 亩），其综合节约土地租金 5.8 万元/年。

此项目的综合生产成本为 0.14 元/块，如果按售价 0.2 元/块计算，每年的税后利润为 570 万元，投资利润率 30％左右，4 年就可以收回投资，经济效益非常好。就此项目的综合效益来说，项目每年节约的综合治理费用为 220 万元，那么，每年此项目就可为电力企业创造效益达 790 万元左右。

1.5.2　蒸压粉煤灰砖社会效益显著

"十三五"期间，随着国民经济的持续、快速、健康发展和消费市场需求的变化，居民住宅将成为新的消费热点。其中城乡住宅需求量将保持在 13 亿～15 亿平方米，这种发展速度为新型墙体材料的发展提供了新的机遇和市场前景。另外，目前我国城镇化水平只有 32％，与世界中等发达国家 49％的比例差距很大。"十三五"期间我国城镇化建设水平将有较大的提高，这也为新型建筑材料的应用提供了很大的市场空间。

结构调整是"十三五"期间我国经济工作的主线，用新型墙体材料代替"秦砖汉瓦"是建材工业结构调整的重要内容。积极推广应用新型墙体材料，用先进技术和装备改造传统产业，提升墙体材料行业的整体水平，提高产品的质量和档次，是"十三五"期间建材工业发展的主要方向。现阶段建设的粉煤灰蒸压砖生产线，运用先进的双面加压全自动液压砖机，可以节约 80％的人力，实现配料、输送、压砖、码车等一系列工序的自动控制，改善职工的劳动环境和劳动强度，使产品质量有可靠的保证。

新建蒸压粉煤灰砖生产线可以安置人员就业，不但减轻了社会就业压力，起到稳定社会的作用，还为社会创造了财富。

1.5.3　蒸压粉煤灰砖是环保利器

实施可持续发展战略，加强生态建设和环境保护、节约和保护耕地、节约能源是我国的基本国策。墙体材料革新是保护土地资源、节约能源、资源综合利用、改善环境的重要措施，也是可持续发展战略的重要内容。随着我国人口的增加，经济持续快速发展，资源和环境的压力越来越大，必须从根本上改变传统墙体材料大量占用耕地，消耗能源、污染环境的状况。

1. 节约能源是蒸压粉煤灰砖的特点

首先是生产节能。在我国，生产 1 万块烧结普通砖平均需标煤 1.2t，而生产 1 万块蒸压砖需标煤 0.25t，因此，年产 8000 万块粉煤灰蒸压砖生产线比普通实心黏土砖年节约标煤 9500t。

其次是建筑节能。新型墙体材料比实心黏土砖节约能源、节约原料。据有关资料介绍，建材生产和建筑采暖、空调能耗占建筑总能耗的 75％以上。采用保温隔热性能良好的新型材料作为墙体材料，将大幅度降低建筑物的使用能耗。

将蒸压粉煤灰砖与实心黏土砖和粉煤灰加气砌块的物理性能、总能耗进行比较，有关参数见表1-1、表1-2。

表 1-1　物理性能

物理性能	实心黏土砖	粉煤灰加气块	蒸压粉煤灰砖
容重/（kg/m³）	1600～1800	400～700	1450～1500
导热系数/[W/（m·K）]	0.81	0.15	0.40～0.50

表 1-2　几种外墙的总耗能

墙体种类	墙厚/mm	每 m² 墙面能耗（kg 标煤）
实心黏土砖	370	36.52
粉煤灰加气块	200	21.28
蒸压粉煤灰砖	370	27.93

综上所述，应用蒸压粉煤灰砖比实心黏土砖墙体能耗减少 24％左右。由于蒸压粉煤灰砖隔热保温性能好，夏天将减少空调的能耗，冬季能减少取暖的煤耗，而且它是实心黏土砖最直接的替代品。

另外，由表 1-1 可知，蒸压粉煤灰砖的容重比实心黏土砖小，因此，同样的墙体使用蒸压粉煤灰砖的基础费用较低。

2. 蒸压粉煤灰砖是建设生态社会的基石

蒸压粉煤灰砖中粉煤灰和炉渣的比重为 80％以上。因此，蒸压粉煤灰砖极大地减轻了企业和社会对粉煤灰的处理压力，使一种污染大、堆放面积大的工业废渣变成了可利用的资源，节约了土地资源，保护了水资源和空气资源，使周围环境向着生态和谐的方向发展。由于这种产品可以节能，从而减少了 CO_2 的排放量，减少了温室效应。

1.5.4　国家的产业政策使蒸压粉煤灰砖有了广阔的发展前景

蒸压承重墙体材料在欧美建筑市场中占半壁江山，如美国，仅蒸压粉煤灰砖就占墙体材料总量的 20％，在德国其占有率甚至更高，占到 33％。在二十世纪七、八十年代，我国曾重视发展蒸压粉煤灰制品，奈何当时生产工艺技术落后，商品质量低劣，加之当时我国处于一个粗放型发展的时期，廉价的实心黏土砖占据了市场的主导地位，因此蒸压粉煤灰制品一直处于尴尬的"低迷"状态。2005 年，国务院办公厅发布《关于进一步推进墙体材料革新和推广节能建筑的通知》（国办〔2005〕33 号），后又印发《"十二五"墙体材料革新指导意见》（发改环资〔2011〕2437 号），提出开展"城市限黏，县城禁实"，全国县城地区开展从禁止使用实心黏土砖到禁止生产黏土砖，并大力发展符合当地建筑结构需求，能替代实心黏土砖的绿色新型墙体材料。按照国家限时限制实心黏土砖的要求，"到 2010 年底，所有城市禁止使用实心黏土砖，全国实心黏土砖年产量控制在 4000 亿块以下"。每年有 800 亿块标砖的产量需用新型墙体材料来补充，在人均耕地少的地区将全面禁止实心砖的使用，这给蒸压粉煤灰砖的发展提供了一个广阔的空间。近年来，蒸压粉煤灰制品生产工艺不断进步、成熟，已达到国际要求水平，加上企业管理水平的提高，使得蒸压粉煤灰制品质量大大提升，更重要的是蒸压粉煤灰砖已经有了设计、施工规范。随着全国落实建筑节能措施和步伐的加快，蒸压粉煤灰砖已成为替代黏土砖的首选的新型墙体材料。

第2章 蒸压粉煤灰砖的材料性能

2.1 蒸压粉煤灰砖概述

《蒸压粉煤灰砖建筑技术规范》CECS 256：2009 赋予蒸压粉煤灰砖新的定义：以石灰、消石灰（电石渣）或水泥等钙质材料与粉煤灰等硅质材料及集料（砂）为主要原料，掺加适量石膏，经搅拌混合、多次排气压制成型、高压蒸汽养护而制成的砖。蒸压粉煤灰砖（autoclaved fly ash brick）按砖有无孔洞分为实心砖和多孔砖，具体如下：

（1）蒸压粉煤灰实心砖（autoclaved fly ash solid brick）：无孔洞或孔洞率小于25％的蒸压粉煤灰砖。

（2）蒸压粉煤灰多孔砖（autoclaved fly ash perforated brick）：孔洞率等于或大于25％，孔的尺寸小而数量多，且铺浆面应为盲孔或半盲孔的蒸压粉煤灰砖。

2.2 蒸压粉煤灰砖的生产工艺[3]

蒸压粉煤灰砖的生产过程包括原料处理、混合搅拌、消化（陈化）、轮碾、砖坯成型、蒸压养护和成品处理等，基本工艺流程如图2-1所示。

2.3 蒸压粉煤灰砖的强度等级、外观质量与外观尺寸

蒸压粉煤灰砖的力学性能和烧结黏土砖类似，蒸压粉煤灰砖根据抗压强度和抗折强度分为 MU30、MU25、MU20、MU15、MU10 五个强度等级。蒸压粉煤灰砖的外形为直角六边形，其公称尺寸，实心砖为240mm×115mm×53mm，多孔砖为240mm×115mm×90mm。

蒸压粉煤灰砖的强度等级分别符合表2-1的规定。蒸压粉煤灰砖的外观质量和尺寸偏差应符合表2-2的规定。

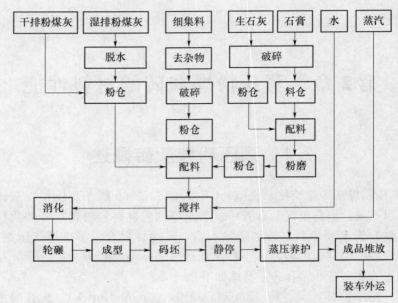

图 2-1 蒸压粉煤灰砖生产工艺

表 2-1 蒸压粉煤灰砖的强度等级

强度等级	抗压强度/MPa		抗折强度/MPa	
	平均值	单块最小值	平均值	单块最小值
MU10	≥10.0	≥8.0	≥2.5	≥2.0
MU15	≥15.0	≥12.0	≥3.7	≥3.0
MU20	≥20.0	≥16.0	≥4.0	≥3.2
MU25	≥25.0	≥20.0	≥4.5	≥3.6
MU30	≥30.0	≥24.0	≥4.8	≥3.8

表 2-2 蒸压粉煤灰砖的外观质量和尺寸偏差

项目名称		技术指标	
外观质量	缺棱掉角	个数/个	≤2
		三个方向投影尺寸的最大值/mm	≤16
	裂纹	裂纹延伸的投影尺寸累计/mm	≤20
		层裂	不允许
尺寸偏差		长度/mm	+2 −1
		宽度/mm	±2
		高度/mm	+2 −1

2.4　蒸压粉煤灰砖的物理性能

2.4.1　孔洞率

多孔砖的孔洞率是指全部孔洞的体积按外廊尺寸求得的体积之比的百分率。多孔砖的孔洞率和重力密度成反比，一般来说，孔洞率越大，产品重力密度越小。但是，对相同规格、相同孔洞率的多孔砖，其重力密度并不都相同，这是由于产品的重力密度并非只决定于孔洞率这一因素，重力密度的大小还取决于粉煤灰的堆积密度、集料的种类及其掺量、成型压力等。

增大多孔砖的孔洞率，既可以节约原料，又可以减轻墙体自重，因此孔洞率越大越好。但是增大多孔砖的孔洞率是受很多条件制约的，如原料的性质、成型强度、制成后成品的性能、原料加工条件、施工方法及运输、技术水平等。

2.4.2　重力密度

重力密度是指材料在自然状态下单位体积的重量，按式（2-1）计算：

$$\gamma_0 = \frac{G}{V_0} \tag{2-1}$$

其中，γ_0 为材料的重力密度，kN/m^3；G 为材料的重量，kN；V_0 为材料在自然状态下的体积，m^3。

对某种原料来说，砖的相对密度为定值，气孔率愈高，砖的密度愈小。我国普通黏土砖的密度多为 $1700 \sim 1780 kg/m^3$，而蒸压粉煤灰实心砖的密度多为 $1760 \sim 1840 kg/m^3$。蒸压粉煤灰实心砖砌体的重力密度可以按 $19kN/m^3$ 采用。

蒸压粉煤灰多孔砖的重力密度（γ_{01}）同样按式（2-1）计算，如将某些生产条件的微小差别忽略不计，可由式（2-2）求得近似值：

$$\gamma_{01} = (1-\varphi)\gamma_0 \tag{2-2}$$

其中，φ 为砖的孔洞率，%。

蒸压粉煤灰多孔砖砌体的重力密度可偏大，按式（2-3）计算：

$$\gamma = (1-0.68\varphi)\gamma_0 \tag{2-3}$$

其中，γ 为蒸压粉煤灰多孔砖的重力密度，kN/m^3，孔洞率大于 35% 时，取 $\gamma = 15.3kN/m^3$；φ 为蒸压粉煤灰多孔砖的孔洞率。

2.4.3　吸水性

吸水率是指产品所能吸收水分的质量与干试件质量的百分比，反映制品的吸水性能。它对制品的机械强度、电性能、化学稳定性及热稳定性都有很大影响，按式（2-4）计算：

$$W = \frac{g_1 - g_0}{g_0} \times 100\%\qquad(2-4)$$

其中，W 为含水率，%；g_0 为干试样质量，kg；g_1 为吸水饱和的试样质量，kg。

个别标准对砖的吸水率有规定，对抗冻性（寒冷地区）有要求。吸水率影响抗冻性，吸水率大的砖，抗冻性一般要差一些。

蒸压粉煤灰砖的吸水速度大大低于黏土砖，孔洞率大的蒸压粉煤灰砖的吸水速度大于孔洞率小的蒸压粉煤灰砖。砖的吸水特性对砖砌体的砌筑影响极大，由于蒸压粉煤灰砖的吸水速度小，用以砌筑蒸压粉煤灰砖砌体的砂浆稠度应该大于砌筑黏土砖的砂浆，否则，易产生流淌，浪费砂浆，降低砌体的抗剪强度。因此，需用配套的蒸压粉煤灰砖专用砂浆。

2.4.4　干缩性能

在不同地区使用时，由于温度、湿度不同，同样的蒸压粉煤灰砖砌体的收缩值不同。同时，在温度、湿度变化后体积仍然要变化。实际干燥收缩值随着实际含水率的变化而发生很大的变化，但在干燥的环境下放置较长时间后，实际干缩值与烧结普通砖相差不大。国家行业标准《蒸压粉煤灰砖》（JC/T 239—2014）[4]中对蒸压粉煤灰砖要求干缩值不大于 0.5mm/m。

2.5　蒸压粉煤灰砖的耐久性能

建筑材料的耐久性，是指在建筑物使用年限内，能经受自然环境的影响，保持其应有使用性能的能力。耐久性主要包括抗冻性和碳化稳定性。

2.5.1　抗冻性

抗冻性是指砖抵抗反复冻融作用的能力。一般对抗冻性的要求是：

（1）任何一块试件不得出现分层、剥落等冻坏现象。

（2）冻后强度不低于设计要求强度等级的相应指标。

蒸压粉煤灰砖如果按规定生产达到产品标准要求时，能够经受抗冻性试验。蒸压粉煤灰砖的抗冻性与其自身强度有关，强度高者抗冻性好。蒸压粉煤灰砖的抗冻性应符合表 2-3 的规定。

表 2-3　蒸压粉煤灰砖的抗冻性

使用地区	抗冻指标	质量损失率	抗压强度损失率
夏热冬暖地区	D15		
夏热冬冷地区	D25	≤5%	≤25%
寒冷地区	D35		
严寒地区	D50		

蒸压粉煤灰砖抗冻性试验的冻融循环次数为：夏热冬暖地区 15 次；夏热冬冷地区 25 次；寒冷地区 35 次；严寒地区 50 次。

2.5.2　碳化稳定性

为了改善蒸压粉煤灰砖的碳化稳定性，可采取如下措施：

（1）适当提高混合料中活性石灰的用量，酌情减少石膏的掺量。

（2）严格控制蒸压制度，压力不低于 0.785MPa，相应的温度为 174.5℃以上，以提高水化硅酸钙的结晶度。

（3）提高制品的密实度，降低碳酸气与制品的相互作用。

国家行业标准《蒸压粉煤灰砖》（JC/T 239—2014）中对蒸压粉煤灰砖要求碳化系数应不小于 0.85。

第 3 章　蒸压粉煤灰砖砌体轴心受压力学性能

3.1　引　言

砌体的轴心抗压强度是砌体结构设计中的最重要的指标，其取值大小关系到其砌体结构建筑的安全性和经济性。本章的目的为研究蒸压粉煤灰砖砌体的轴心受压力学性能。在确定试验内容时，充分考虑了砂浆强度对砌体抗压强度的影响，以及与烧结黏土砖砌体的力学性能进行比较。共有 15 组 45 个砌体标准试件进行试验，在分析试验结果的基础上，对受压砌体的工作机理进行了分析，根据数理统计法和弹性理论分析法提出蒸压粉煤灰实心砖和多孔砖砌体抗压强度表达式。

3.2　所用材料材性试验

3.2.1　蒸压粉煤灰砖

试验用蒸压粉煤灰实心砖及多孔砖由福建海源自动化机械设备有限公司生产的制砖机生产。与以往的制砖机相比，海源压机关键技术特点为：制砖设备压力吨位达到 1100t；采用液压分级加压、多次自动排气技术，解决了同类制品分层微裂难题，产品密实匀质；采用强制搅拌布料、柔性夹砖两者组合一体的技术，适用于不同体系废弃物的快速均匀布料，简化机构，有效提高了取坯效率和砖坯的质量，压制成品率超过 98%，使砖的质量较以往生产的粉煤灰砖有了很大提高。具体材料性能如下：

（1）砖的外形尺寸

蒸压粉煤灰实心砖的规格尺寸为 240mm×115mm×53mm，表面平整光滑，如图 3-1（a）所示；多孔砖的规格尺寸为 240mm×115mm×90mm，圆形孔径为 23mm，孔洞率为 30%，表面平整光滑，如图 3-1（b）所示。多孔砖细部尺寸如图 3-2 所示。

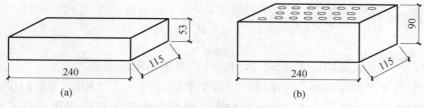

图 3-1　试验用砖外形尺寸（mm）

（a）蒸压粉煤灰实心砖；（b）蒸压粉煤灰多孔砖

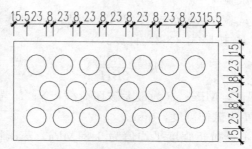

图 3-2　蒸压粉煤灰多孔砖细部尺寸（mm）

（2）单砖抗压试验

按照《砌墙砖试验方法》（GB/T 2542—2012）[5]的具体规定进行试验，将烧结黏土普通砖锯成两个半截砖，试件制作采用坐浆法操作，试件如图 3-3（a）所示；试验采用的蒸压粉煤灰砖为非烧结砖，是由压力吨位可达 HF1100t 的液压压砖机压制成型，其自身特有的性能是尺寸精确、表面平整光滑。《砌墙砖试验方法》（GB/T 2542—2012）3.3.3.2 条规定：非烧结砖试件，不需养护，直接进行试验。为此，取蒸压粉煤灰多孔砖整砖为试件，直接在压力机上测试块材强度；蒸压粉煤灰实心砖将砖锯成两个半截砖，切断口相反叠放，直接进行试验，试件如图 3-3（b）所示。

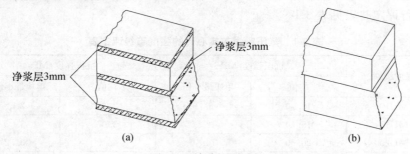

图 3-3　单砖抗压试件

（a）烧结黏土普通砖；（b）蒸压粉煤灰实心砖

单砖抗压强度值以 10 块试件试验结果的算术平均值表示。按式（3-1）计算：

$$f = \frac{P}{F} \tag{3-1}$$

其中，P 为最大破坏荷载，N；F 为试件的受压面积，mm²。

得出蒸压粉煤灰实心砖单砖抗压强度平均值为 16.77MPa，蒸压粉煤灰多孔砖单砖抗压强度平均值为 10.46MPa，烧结黏土砖的单砖抗压强度平均值为 19.72MPa。

（3）单砖抗折试验

按照《砌墙砖试验方法》（GB/T 2542—2012）的具体规定进行试验，每块试样的抗折强度 R_c 按照式（3-2）计算。

$$R_c = \frac{3PL}{2BH^2} \tag{3-2}$$

其中，R_c 为抗折强度，MPa；P 为最大破坏荷载，N；L 为跨距，mm；B 为试样宽度，mm；H 为试样高度，mm。

蒸压粉煤灰实心砖抗折强度平均值为 3.31MPa，蒸压粉煤灰多孔砖抗折强度平均值为 2.36MPa。

（4）折压比

调查发现，当原材料配比不合理、掺入粉煤灰量较多时，虽然用高吨位液压砖机也很容易生产出高强度等级的砖，但大比例掺粉煤灰的蒸压砖却变得脆性增加，应用于墙体容易开裂，会影响墙体的安全性和耐久性[6]。对于蒸压粉煤灰多孔砖抗折强度的大小，除与抗压强度等级有关外，与其开孔率、孔结构、原料配比有极大的关系。研究发现：蒸压粉煤灰多孔砖的孔洞布置不合理或砖的肋及孔壁相对较薄，在荷载作用下易发生脆性破坏或外壁崩离。脆性大的砖应用于墙体后往往容易开裂，影响墙体的安全性和耐久性，因此选用折压比来表征脆性程度。

按产品标准《蒸压粉煤灰砖》（JC/T 239—2014）对蒸压粉煤灰砖强度等级进行评定时，见表 3-1。

表 3-1　蒸压粉煤灰实心砖的强度等级评定表

强度级别	抗压强度/MPa		抗折强度/MPa	
	平均值≥	单块最小值≥	平均值≥	单块最小值≥
MU10	10.0	8.0	2.5	2.0
MU15	15.0	12.0	3.7	3.0
MU20	20.0	16.0	4.0	3.2
MU25	25.0	20.0	4.5	3.6
MU30	30.0	24.0	4.8	3.8

从设计应用的角度分析，抗压强度实测值 15MPa 与 19MPa 的砖，若其最低抗折强度都是 3.2MPa，强度等级标号则均为 MU15，而事实上其砖的脆性差异却非常明显，由其折压比来反映分别为 0.213、0.168。

因此将产品标准中最低抗折强度的表征方法进行改进，选用折压比来表征脆性程度。结合规范组各参编单位综合研究成果：砖随强度等级的提高，脆性越发明显（与混凝土的规律一致）。对强度等级在 MU15、MU20 及 MU25 的蒸压粉煤灰砖提出折压比限值取值应不小于 0.25，纳入《蒸压粉煤灰砖建筑技术规范》（CECS 256）。

（5）吸水率和体积密度测定

砖的吸水率说明砖的孔隙率大小，反映砖的导热性和强度的大小，也直接关系抗冻性能好坏，按照《砌墙砖试验方法》（GB/T 2542—2012）中的方法进行测试。

含水率和吸水率按式（3-3）、式（3-4）计算，精确至 0.1%：

$$W = \frac{G - G_0}{G_0} \times 100 \tag{3-3}$$

$$W_{24} = \frac{G_{24} - G_0}{G_0} \times 100 \tag{3-4}$$

其中，W 为试样含水率，%；W_{24} 为常温水浸泡 24h 试样吸水率，%；G 为试样自然质量，g；G_0 为试样干质量，g；G_{24} 为试样浸水 24h 的湿质量，g。

体积密度按式（3-5）计算：

$$\rho = \frac{G_0}{L \cdot B \cdot H} \times 10^9 \tag{3-5}$$

其中，ρ 为体积密度，kg/m³；L 为试件长度，mm；B 为试件宽度，mm；H 为试件高度，mm。

吸水率和体积密度试验结果见表 3-2。

表 3-2 试验用砖含水率、吸水率和体积密度计算结果

砖型	编号	Lmm×Bmm×Hmm	体积/m³	G/kg	G_0/kg	G_{24}/kg	ρ/(kg/m³)	W_{24}/%
蒸压粉煤灰砖	1	240×115×52	0.00144	2.736	2.658	2.878	1852.01	8.28
	2	241×115×53	0.00147	2.793	2.700	2.913	1838.12	7.89
	3	241×116×53	0.00148	2.812	2.743	2.975	1851.29	8.46
烧结黏土砖	1	240×115×55	0.00152	2.235	2.231	2.502	1469.70	12.15
	2	241×116×54	0.00150	2.376	2.372	2.700	1577.80	13.83
	3	242×117×55	0.00156	2.366	2.362	2.665	1516.76	12.83

试验结果表明，在同样条件下，蒸压粉煤灰砖的吸水率为烧结黏土砖的

60%～70%，体积密度为烧结黏土砖的120%。

3.2.2 砌筑砂浆

（1）砂浆配合比

结合砖的强度等级，砌筑时设计了M7.5、M10、M15、M20四种不同强度等级的水泥混合砂浆和M15专用砂浆。砂浆配合比严格按照《建筑砂浆配合比速查手册》[7]选取，M15专用砂浆配合比见表3-3。

表3-3 粉煤灰专用砂浆配合比

强度等级	水泥标号	水灰比	每立方米材料用量/kg			质量比	1#改性剂	
			水泥	砂	水	胶结料：砂	掺量/kg	水泥重量/%
Mb15	32.5#	0.78	288	1267	225	1：3.31	95	33

（2）砂浆试块强度测试

砂浆的强度等级是影响砌体抗压抗剪等力学性能的重要指标之一，砂浆立方体抗压强度与砂浆试块成型时所用底模有直接的关系。

《建筑砂浆基本性能试验方法》（JGJ 70—90）[8]是我国应用最早的一本砂浆试验方法的标准，其编制时根据前苏联砌体规范中采用吸水率不大于15%、含水率不大于2%的烧结砖做底模的情况及我国工程实际，做出所用底模为吸水率不小于10%、含水率不大于2%的烧结黏土砖的规定。

《建筑砂浆基本性能试验方法标准》（JGJ/T 70—2009）[9]已于2009年6月1日起实施，新标准中关于建筑砂浆立方体抗压强度试验主要进行了如下变更：①每组抗压试件数量由6个改为3个；②试模统一改为带底试模，即试块底模材质由砖底模变为钢底模；③检测结果以3个试件测值的算术平均值的1.3倍作为该组试件的砂浆立方体试件的抗压强度平均值。

《砖石结构设计规范》（GBJ 3—73）第二章第三条规定用钢模，下衬砖底模，20世纪80年代对该规范进行了修订，改为《砌体结构设计规范》（GBJ 3—88），第2.1.1条未对砂浆试块制作所用底模做出明确规定，但实际操作是按烧结黏土砖为底模来进行的。随着新型砌体材料的发展，该标准在90年代又进行了修订，引入新型砌体材料，如蒸压灰砂砖、蒸压粉煤灰砖、轻集料混凝土砌块及混凝土小型空心砌块灌孔砌体的计算指标，《砌体结构设计规范》（GB 50003—2001）第3.1.1条注3中及《砌体结构设计规范》（GB 50003—2011）3.1.3注中规定：确定砂浆强度等级时应采用同类块体为砂浆强度试块底模。

其他标准如：《砌体工程施工质量验收规范》（GB 50203—2011）、《混凝土小型空心砌块建筑技术规程》（JGJ/T 14—2011）、《混凝土小型空心砌块和混凝土砖砌筑砂浆》（JC 860—2008）、《砌筑砂浆配合比设计规程》（JGJ/T 98—2010）中，虽然没有明确采用什么样的底模，但在标准中明确规定引用《建筑砂浆基本性能试验方法》（JGJ 70—90）。《砌筑砂浆配合比设计规程》（JGJ/T 98—2010）条文说明 3.2.1 条规定：应该指出蒸压灰砂砖砌体和蒸压粉煤灰砖砌体的抗压强度指标，系采用同类砖为砂浆强度试块底模的抗压强度指标，当采用黏土砖底模时砂浆强度会提高，相应的砌体强度达不到规范的强度指标，砌体抗压强度约降低 10%。而《蒸压灰砂砖砌体结构设计与施工规程》（CECS 20：90）则明确规定砂浆底模采用含水率不大于 2% 的灰砂砖。

　　以上各标准的不统一造成了设计单位、施工单位、材料检测单位、质量监督单位所选取的方法各不相同，而不同的方法确定的砂浆强度等级有很大差别，从而大大影响了砌体的质量，或降低了结构安全度、或造成材料的浪费。为此，针对不同底模对砂浆强度的影响进行了研究。分别按《砌体结构设计规范》（GB 50003—2011）、《建筑砂浆基本性能试验方法》（JGJ 70—90）及《建筑砂浆基本性能试验方法标准》（JGJ/T 70—2009）进行试验，砌体试件按设计砂浆强度等级分批砌筑，每批试件砌筑时同时制作砂浆试块，砂浆采用机械搅拌，每组试块的砂浆均取自同一盘砂浆。并将砂浆试块与试件在同一条件下养护 28d 以上，然后与砌筑试件同时进行抗压强度试验。

　　按照《实用建筑材料试验手册》[10] 中的规定，砂浆立方体抗压强度按照式（3-6)计算：

$$f_{m,cu} = \frac{N_u}{A} \tag{3-6}$$

其中，$f_{m,cu}$ 为砂浆立方体抗压强度，MPa；N_u 为最大破坏荷载，N；A 为试件承压面积，mm^2。

　　试验测得边长为 70.7mm 立方体试块的强度值见表 3-4。

表 3-4　砌筑砂浆抗压强度实测值

底模类型	试件编号	$f_{m,cu}$/MPa				
		M7.5	M10	M15	M20	M15 专
蒸压粉煤灰砖底模	1	9.64	15.02	19.89	25.15	12.90
	2	8.46	11.38	17.79	25.03	25.23
	3	9.98	13.00	20.43	23.33	22.25
	4	8.80	16.97	21.31	24.87	12.12
	5	9.16	10.00	17.65	20.67	22.81
	6	9.52	15.75	17.41	24.57	16.73
	平均值	9.26	13.69	19.08	23.94	18.67

底模类型	试件编号	$f_{m,cu}$/MPa				
		M7.5	M10	M15	M20	M15 专
钢底模	1	6.90	8.96	16.24	19.95	17.03
	2	6.66	9.86	11.18	17.41	17.21
	3	7.42	9.60	13.04	17.63	16.77
	4	6.94	11.90	11.94	22.71	10.08
	5	7.80	10.38	12.84	23.07	17.21
	6	7.38	12.22	12.64	22.15	16.77
	平均值	7.18	10.49	12.98	20.49	15.85
黏土砖底模	1	12.08	11.70	23.27	27.19	12.36
	2	11.20	13.38	17.89	22.23	15.42
	3	13.10	15.02	18.51	27.71	15.60
	4	11.00	17.81	19.83	26.71	28.77
	5	9.90	14.20	18.63	26.23	26.21
	6	10.46	14.20	21.13	25.73	28.13
	平均值	11.29	14.39	19.88	25.97	21.08

从表 3-4 试验结果可以看出，烧结黏土砖做底模时，由于其早期吸水速度快，吸水率也大，在水泥硬化前期吸收水分最多，所以其砂浆抗压强度最高，为钢底模时强度的 1.27～1.57 倍，平均为 1.41 倍，平均为蒸压粉煤灰砖做底模时砂浆强度的 1.10 倍。蒸压粉煤灰砖做底模其砂浆强度为钢底模时强度的 1.17～1.47 倍，平均为 1.28 倍。

主要原因分析：水泥水化所需的水约为水泥质量的 20% 左右，为获得良好的工作性，砂浆中必须加入较多的水，当砂浆硬化后，多余的水分就残留在砂浆中形成孔穴或蒸发后形成气孔，这大大减小了砂浆抵抗荷载的实际有效断面，降低了强度。而砂浆试块制作时，底模吸水速率不同，吸取砂浆中多余水分的数量也有所不同，砂浆试块成型后，吸水速率快的底模硬化前期吸去砂浆中的水分越多，砂浆硬化后期自然蒸发掉的水分越少，砂浆试块的强度越高。3.2.1（5）节烧结黏土砖、蒸压粉煤灰砖吸水率和体积密度测定试验结果表明：烧结黏土砖吸水速度较快，蒸压粉煤灰砖吸水速度较慢，蒸压粉煤灰砖的吸水率为黏土砖的 60%～70%。从上述试验结果可以看出，砂浆试块制作时由于底模材料吸水率及吸水速率不同造成砂浆的强度值不同，烧结黏土砖做底模由于其吸水率及吸水速率大，在砂浆硬化初期吸收水分最多，后期砂浆自然蒸发掉的水分就少，砂浆的孔隙率因而减少，所以其砂浆抗压强度最高。而钢底模由于其不吸水，故用其做底模砂浆强度最低。

根据《建筑砂浆基本性能试验方法标准》（JGJ/T 70—2009）的规定，检测结果以 3 个钢底模试件测值的算术平均值的 1.3 倍作为该组试件的砂浆立方体试件的抗压强度平均值。其中修正系数是以钢底模试件与烧结黏土砖底模试件砂浆抗压强度对比为依据，偏于安全取 1.3。由表 3-4 试验结果可以看出：蒸压粉煤灰砖做底模其砂浆强度为钢底模时强度的 1.17～1.47 倍，平均为 1.28 倍，小于 1.3 倍。所以采用《建筑砂浆基本性能试验方法标准》（JGJ/T 70—2009）规定的修正系数 1.3，计算值比以蒸压粉煤灰砖做底模实测值略高。这样计算得到的砂浆抗压强度比实际强度要略微偏高，偏于不安全。所以修正系数取 1.3 不适合蒸压粉煤灰砖砌体，建议若砂浆成型试块的试模为钢底模，那么对于不同砌体材料，由于自身吸水率、含水率等性质的不同，修正系数亦应不同。对于蒸压粉煤灰砖砌体，根据试验数据修正系数取 1.15。

综上，尽管采用钢底模有其特定的优点，如：框底材料一致，受其他因素干扰较少，操作简便，并可省略预先铺纸及底模吸水率、含水率的限制，经久耐用，取材容易（试模本身带钢底模），可达到对不同对象制定一个标准的原则。但对于不同砌体材料，由于自身吸水率、含水率等性质的不同，修正系数应根据不同材料的具体试验数据分别给出各自的取值。

本书以下进行砌体结构设计指标计算及理论分析时，由于砌体材料不同，其砌筑砂浆强度遵循《砌体结构设计规范》（GB 50003—2011）第 3.1.3 条注按同底试模强度值取定。即蒸压粉煤灰砖砌体砂浆强度取蒸压粉煤灰砖为底模的砂浆试块的强度，烧结黏土砖砌体砂浆强度取烧结黏土砖为底模的砂浆试块的强度。

3.3　蒸压粉煤灰砖砌体轴心受压试验

对蒸压粉煤灰实心砖及多孔砖砌体进行轴心受压试验研究，并与烧结黏土砖砌体的力学性能进行对比分析。试验中记录每级荷载下砌体的破坏形态、横向变形和竖向变形，为分析其破坏机理，绘制砌体受压应力-应变曲线，计算抗压强度、弹性模量和泊松比等研究提供可靠的试验依据。

3.3.1　试件设计与制作

按照《砌体基本力学性能试验方法标准》（GB/T 50129—2011）[11] 中的规定，以高厚比为 3～5 的棱柱体作为标准抗压试件。试验共设计 45 个砌体标准抗压试件，试件分组见表 3-5。

表 3-5　试件分组

砂浆设计强度等级	蒸压粉煤灰实心砖	蒸压粉煤灰多孔砖	烧结黏土砖
M7.5	A1-1；2；3（3个）	A3-1；2；3（3个）	A2-1；2；3（3个）
M10	B1-1；2；3（3个）	B3-1；2；3（3个）	B2-1；2；3（3个）
M15	C1-1；2；3（3个）	C3-1；2；3（3个）	C2-1；2；3（3个）
M20	D1-1；2；3（3个）	D3-1；2；3（3个）	D2-1；2；3（3个）
M10 专用砂浆	E1-1；2；3（3个）	E3-1；2；3（3个）	E2-1；2；3（3个）

　　试验试件包括蒸压粉煤灰实心砖砌体试件、多孔砖砌体试件和烧结黏土砖砌体试件各 5 组，每组 3 个试件。蒸压粉煤灰实心砖砌体和烧结黏土砖砌体标准抗压试件由 12 皮砖砌成，灰缝厚度为 10mm。其外廓尺寸为 240mm×370mm×746mm，高厚比 $\beta=3.108\approx3$，上下顶面用 10mm 厚的水泥砂浆找平，如图 3-4 所示。蒸压粉煤灰多孔砖砌体标准抗压试件由 8 皮砖砌成，灰缝厚度为 10mm。其外廓尺寸为 240mm×370mm×790mm，高厚比 $\beta=3.291\approx3$，上下顶面用 10mm 厚的水泥砂浆找平，如图 3-5 所示。试验主要研究普通砂浆砌筑蒸压粉煤灰砖砌体性能，并做了一组专用砂浆抗压试件对比。为了与普通砂浆砌筑试件对比，专用砂浆试件也采用 10mm 灰缝。

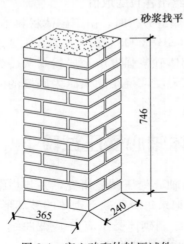

图 3-4　实心砖砌体轴压试件

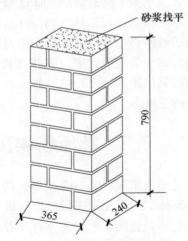

图 3-5　多孔砖砌体轴压试件

　　上述砌体试件的砌筑由 1 名熟练瓦工进行，施工质量控制等级达到 B 级。

　　试件砌筑前测定砖的含水率，蒸压粉煤灰砖满足《砌体工程施工质量验收规范》（GB 50203—2011）的要求，试件砌筑时未进行浇水。规范规定对含水率不满足要求的砖，应在砌筑前提前 1～2d 浇水湿润。所以对含水率不满足要求的烧结黏土砖提前 1d 浇水湿润。

对测试砌体抗压强度标准试件，目前较常用的方法有砌筑在有吊钩的钢板、混凝土垫块上及无底座且下垫干砂。较大试件为了吊装方便，砌筑在焊有吊钩的钢板上。抗压标准试件较小，可人工搬运，砌筑在刚度较大的混凝土地坪上且下垫干砂找平。安装试件时，试件与压力机上下压板之间均加设刚性垫板，避免了应力集中及局部受压破坏，起到了试件直接砌筑在钢板上相同的作用。通过试验结果对比发现：本试验（无底座）、重庆大学（钢垫板）[12]的蒸压粉煤灰普通砖砌体抗压强度试验值，与按 GB 50003 计算值的比值的平均值分别为 1.278、1.366，说明无底座时抗压强度略低，试验数据偏于安全，但不是很明显，对试验结果影响较小。分析原因主要为砌筑在混凝土垫块或钢板上时，砌体试件与底座间摩擦力大于试件直接放在钢板上，垫块通过接触面上的摩擦力约束砌体试件的横向变形，就像在试件下端加了一个套箍，使抗压强度比约束小的情况要高[13]。试件与采样砂浆试块在同样环境下养护 28d 以上，然后进行轴心受压试验。

3.3.2　试验装置及量测方法

（1）试验装置

加载设备：2000kN 微机屏显式液压压力机；测试工具：千分表、钢尺；其他工具：游标卡尺、卷尺、水平尺等。试验装置如图 3-6 所示。

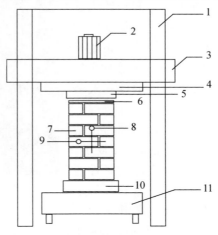

图 3-6　试验装置

1—压力机钢架；2—升降电机；3—横梁；4—压力机上压板；5—球铰；

6—20mm 厚钢板；7—抗压试件；8—测纵向应变百分表；9—测横向应变百分表；

10—20mm 厚钢板；11—压力机下压板

（2）数据采集与记录

试验过程采集的试件开裂荷载、极限破坏荷载由屏显式压力机读取；千分表读数由人工读取；试件的裂缝状态在试验现场人工描绘，然后拍照记录。

3.3.3 试验步骤

（1）预估破坏荷载：根据实测的砖和砂浆抗压强度计算砌体的破坏荷载。

（2）检查试件外观：记录下碰损或损伤痕迹，对严重破损的试件舍去。

（3）外观尺寸测量：首先画出试件的 4 个侧面竖向和横向中线。试件的高度按下找平层为基准，量至上找平层顶面来确定。然后测量试件高度的 1/4、1/2 和 3/4 处的长度和宽度，按平均值确定。

（4）试件安装：为避免因试件承压面与试验机压板接触不均匀紧密而影响试验结果，先在下压板上铺一层干砂，然后将试件吊起，同时清除试件下承压面的杂物，然后将其放置于试验机的下压板上，并使试件下承压面与干砂之间均匀密实，再在试件的上承压面上铺少量干细砂。试件的 4 个侧面的竖向中线需在就位时对准试验机的轴线。

（5）仪表的安装：试验中需要对试件的开裂荷载、极限荷载以及每级荷载下的轴向变形和横向变形进行量测；还要对试件中裂缝的出现、发展状况和最终形态进行观察。在试件两个宽侧面的横竖向中线上粘贴表座，然后将千分表安装于表座上。其中竖向千分表测点间距约为试件高的 1/3，取一个块体厚加一条灰缝厚的倍数；横向千分表测点与试件边缘的距离不小于 50mm，如图 3-7 所示。对试件施加预估破坏荷载的 5％，检查仪表的灵敏度和安装的牢固性。

（6）加载过程：首先预压，范围为预估破坏荷载值的 5％～20％区间内，反复加、卸载 3～5 次。预压后按《砌体基本力学性能试验方法标准》（GB/T 50129—2011）规定的施加荷载方法逐级加荷，每级荷载为预估

图 3-7　测点装置

破坏荷载值的 10％，且在 1～1.5min 内均匀加完；然后恒荷 1～2min 后施加下一级荷载。施加荷载过程中不得冲击试件。恒荷时记录读数。试验过程中观察和记录第一条受力裂缝及对应开裂荷载值。对试件的裂缝开展情况、变形情况进行观测和记录。加到预估破坏荷载值的 80％时，为防止仪表破坏，拆除千分表。当试件裂缝急剧扩展和增多，试验机的测力值读数开始回退时，

最大荷载读数为该试件的破坏荷载值。

(7) 砌体破坏后，观察并拍照记录裂缝形态和破坏特征。

3.3.4 试验现象分析

(1) 蒸压粉煤灰多孔砖砌体试件受压破坏过程

根据对试验过程和受压破坏特征的观察，试件受压破坏过程可由以下五个阶段组成：

① 开始加载阶段（$P_A = 0.3 \sim 0.4 p_u$，p_u 为极限荷载值），试件基本处于弹性阶段。该阶段中，若荷载不增加，千分表读数则保持不变。

② 继续加载至（$0.50 \sim 0.70$）p_u 时，一般在水平灰缝不均匀或者竖向灰缝不饱满的地方出现第一条竖向单砖裂缝，平均为 $68.05\% p_u$ 时出现。此阶段若恒载，裂缝则缓慢发展，若增加荷载，则裂缝发展变快，并沿竖向通过若干皮砖。

③ 随着荷载再增大到约为破坏荷载的 $80\% \sim 90\%$ 时，裂缝发展加快，并逐渐连通，沿竖向通过若干皮砖。此阶段甚至不增加荷载，裂缝仍发展较快，千分表读数增大速率加快。

④ 当荷载加到（$0.90 \sim 1 p_u$）时，此时裂缝基本上下贯通整个试件。到达 p_u 后，试件的承载力马上下降，但裂缝迅速加宽、连通，多孔砖砌体试件位于边角部的砖开始出现外鼓、脱皮并伴随着局部掉块的现象。

⑤ 当荷载下降至（$0.70 \sim 0.80$）p_u，由于裂缝较宽，试件被分割成若干小柱体，逐渐从中间部位外凸。破坏形式如图 3-8 (a)、(b) 所示。

(2) 蒸压粉煤灰实心砖砌体试件受压破坏过程

蒸压粉煤灰实心砖砌体试件的受压破坏过程和现象与蒸压粉煤灰多孔砖砌体试件类似。不同之处为：第一条裂缝开裂较多孔砖早一些，一般在（$0.5 \sim 0.7$）p_u，平均为 $57.89\% p_u$，个别组低于 50%。开裂后的裂缝发展较多孔砖砌体试件慢，整个破坏过程基本上没有外鼓、掉块现象，破坏没有多孔砖剧烈。试件破坏形态如图 3-8 (c)、(d) 所示。

(3) 烧结黏土砖砌体试件受压破坏过程

烧结黏土砖砌体的第一批裂缝发生于破坏荷载的 60% 左右，其他现象类似于蒸压粉煤灰实心砖。试件破坏现象如图 3-8 (e)、(f) 所示。

(4) 专用砂浆砌筑砌体试件受压破坏过程

由于专用砂浆的和易性较好，使灰缝铺砌较均匀平整，以及其具有较好的黏结性能，对砖的约束加强，使得单砖裂缝出现较晚，蒸压粉煤灰实心砖为 $76\% p_u$，多孔砖为 $70\% p_u$，黏土砖为 $70\% p_u$。其他现象与混合砂浆砌体试件类似。

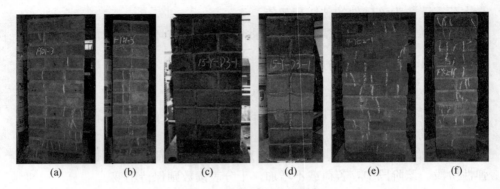

(a)　　　　(b)　　　　(c)　　　　(d)　　　　(e)　　　　(f)

图 3-8　砌体轴压破坏现象
（a）实心砖宽面；（b）实心砖窄面；（c）多孔砖宽面；
（d）多孔砖窄面；（e）黏土砖宽面；（f）黏土砖窄面

（5）细部破坏对比

破坏时蒸压粉煤灰实心砖与烧结黏土普通砖的最大区别是被压碎的程度不同，粉煤灰砖为少量的粉末状，而烧结黏土砖砌体则为块状或片状剥落。蒸压粉煤灰多孔砖砌体由于多孔砖的肋及孔壁相对较薄，在荷载作用下易发生外壁崩离，如图 3-9 所示。

(a)　　　　　　　(b)　　　　　　　(c)

图 3-9　细部破坏对比图
（a）蒸压粉煤灰实心砖；（b）烧结黏土砖；（c）蒸压粉煤灰多孔砖

3.3.5　试验结果分析

开裂荷载、破坏荷载、抗压强度试验结果见表 3-6～表 3-8。

从表 3-6～表 3-8 可以看出：

（1）随着砂浆强度的增大，砌体的抗压强度总体上呈增长趋势，说明砂浆强度的增加对砌体抗压强度是有利的，这是因为砂浆强度提高，其弹性模量增大，横向变形减少，对砖的横向拉应变也相应的减小，有利于砖的强度发挥，但个别试件出现了不增反减的"强度倒置现象"。四川建筑科学研究院[14]、重庆大学[12]对粉煤灰砖砌体的试验结果也出现了类似的现象。

出现这种现象的原因主要是影响砌体抗压强度的因素较多，如砖砌筑时的含水率、砂浆灰缝的饱满度、施工的技术水平、试验方法、试件的制作质量、试验加载系统误差、人工操作误差等，均会对砌体抗压强度试验结果产生影响[15]。如个别试件砌筑时铺浆不均匀不平整，当试件承受竖向压力时，会造成砌体中砖处在受剪或受弯状态下，高强度砂浆弹性模量相对较大，弹性变形相对较小，加大了砖内受弯、受剪作用，使得砖首先被剪坏或受弯破坏，造成承载力降低。另外，砂浆强度的确定问题也是原因之一。从理论上讲，同底试模更接近实际墙体中的砂浆强度，但受做底模块材含水率的影响较大，虽然试件制作时测试了含水率，但由于砌筑各个试件时间的差异，气温的变化，还是使测试结果离散性较大，导致砂浆试块强度与实际砌体中砂浆强度有一定的差异。这也可能是造成所谓强度等级高的砂浆，在砌体中实际强度并不高，出现"强度倒置"的原因之一。

（2）蒸压粉煤灰多孔砖砌体的抗压强度较低，这是由于孔洞中砂浆的存在，使得水平灰缝厚度不均，同时灰缝中砂浆横向变形带动孔洞中砂浆对多孔砖外壁横向推力加剧。另外，多孔砖的开孔率、孔结构对其砌体的抗压强度有很大影响。砖的肋及孔壁相对较薄，在荷载作用下易发生外壁崩离，降低了承载力。

（3）由于专用砂浆具有良好的和易性、保水性和黏结性，使水平灰缝砂浆铺砌得更均匀饱满，延缓了裂缝的发展，使得单砖裂缝出现较晚，对砖抗压强度的发挥起到有利的作用。其砌体抗压强度与同强度级别混合砂浆砌体的抗压强度相比有一定提高。

表 3-6　蒸压粉煤灰实心砖砌体抗压强度试验结果

试件编号	砖强度/MPa	砂浆强度/MPa	截面面积/mm²	开裂荷载/kN	破坏荷载/kN	p_{cr}/p_u	抗压强度/MPa	标准差	变异系数	平均值/MPa
A1-1	16.77	9.26	85557	470.4	742.3	0.63	8.68			
A1-2	16.77	9.26	86031	513.0	786.9	0.65	9.15	0.734	0.086	8.51
A1-3	16.77	9.26	86031	541.3	663.7	0.82	7.71			
B1-1	16.77	13.69	86632	440.0	757.0	0.58	8.74			
B1-2	16.77	13.69	85794	159.7	713.5	0.22	8.32	0.245	0.029	8.46
B1-3	16.77	13.69	86757	330.0	721.3	0.46	8.31			

续表

试件编号	砖强度/MPa	砂浆强度/MPa	截面面积/mm²	开裂荷载/kN	破坏荷载/kN	p_{cr}/p_u	抗压强度/MPa	标准差	变异系数	平均值/MPa
C1-1	16.77	19.75	85794	386.6	766.2	0.50	8.93			
C1-2	16.77	19.75	85557	260.5	783.1	0.33	9.15	0.127	0.014	9.01
C1-3	16.77	19.75	86876	380.4	776.0	0.49	8.93			
D1-1	16.77	23.94	85794	342.0	620.0	0.55	7.23			
D1-2	16.77	23.94	86518	820.0	943.0	0.87	10.90	2.016	0.235	8.58
D1-3	16.77	23.94	86156	524.0	656.0	0.80	7.62			
E1-1	16.77	18.67	85432	735.6	766.3	0.96	8.97			
E1-2	16.77	18.67	86279	534.5	786.0	0.68	9.11	0.496	0.057	8.76
E1-3	16.77	18.67	85918	450.0	703.9	0.64	8.19			

表 3-7 烧结黏土砖砌体抗压强度试验结果

试件编号	砖强度/MPa	砂浆强度/MPa	截面面积/mm²	开裂荷载/kN	破坏荷载/kN	p_{cr}/p_u	抗压强度/MPa	标准差	变异系数	平均值/MPa
A2-1	19.72	11.29	84942	350.0	754.1	0.46	8.88			
A2-2	19.72	11.29	84240	500.6	751.1	0.67	8.92	0.647	0.070	9.27
A2-3	19.72	11.29	85204	550.0	853.4	0.64	10.02			
B2-1	19.72	14.39	84006	350.0	786.7	0.44	9.36			
B2-2	19.72	14.39	83772	660.0	891.7	0.74	10.64	0.648	0.065	9.94
B2-3	19.72	14.39	84474	400.0	829.4	0.48	9.82			
C2-1	19.72	19.88	84006	330.0	886.8	0.37	10.56			
C2-2	19.72	19.88	84006	600.0	868.8	0.69	10.34	0.667	0.066	10.07
C2-3	19.72	19.88	85196	600.0	792.8	0.76	9.31			
D2-1	19.72	23.97	84600	500.0	898.6	0.56	10.62			
D2-2	19.72	23.97	86394	576.8	1026.3	0.56	11.88	0.752	0.068	11.02
D2-3	19.72	23.97	85918	490.0	906.0	0.54	10.54			
E2-1	19.72	15.90	85918	700.0	925.4	0.76	10.77			
E2-2	19.72	15.90	84835	700.0	1001.9	0.70	11.81	0.538	0.048	11.21
E2-3	19.72	15.90	83647	600.0	924.1	0.65	11.05			

表 3-8　蒸压粉煤灰多孔砖砌体抗压强度试验结果

试件编号	砖强度/MPa	砂浆强度/MPa	截面面积/mm²	开裂荷载/kN	破坏荷载/kN	p_{cr}/p_u	抗压强度/MPa	标准差	变异系数	平均值/MPa
A3-1	10.46	9.26	86870	480.0	517.3	0.93	5.95			
A3-2	10.46	9.26	87235	400.0	460.9	0.87	5.28	0.344	0.061	5.66
A3-3	10.46	9.26	86996	300.0	499.9	0.60	5.75			
B3-1	10.46	13.69	87840	300.0	472.6	0.63	5.38			
B3-2	10.46	13.69	87235	330.0	472.9	0.70	5.42	0.215	0.039	5.52
B3-3	10.46	13.69	86632	280.5	499.9	0.56	5.77			
C3-1	10.46	19.75	87235	300.0	464.0	0.65	5.32			
C3-2	10.46	19.75	86757	180.0	502.8	0.36	5.80	0.551	0.094	5.84
C3-3	10.46	19.75	86870	240.1	557.4	0.43	6.42			
D3-1	10.46	23.94	86394	500.0	524.4	0.95	6.07			
D3-2	10.46	23.94	86996	450.0	500.0	0.90	5.75	0.295	0.049	6.05
D3-3	10.46	23.94	87235	325.1	553.4	0.59	6.34			
E3-1	10.46	18.67	87235	360.0	522.9	0.69	5.99			
E3-2	10.46	18.67	87235	327.4	474.2	0.48	5.44	0.275	0.048	5.71
E3-3	10.46	18.67	86505	449.0	493.0	0.91	5.70			

3.4　受压砌体的工作机理

砌体由块体和砂浆两种性质完全不同的材料组成，因而它的受压性能和匀质的整体结构试件有很大的差别。从试验现象发现，砌体在受压过程中，首先是单块砖先开裂。而且砌体的抗压强度总是小于它所用砖的抗压强度。这是因为砌体虽然受到轴向均匀分布的压力，但由于灰缝厚度和密实性的不均匀，以及砖和砂浆交互作用等原因，在砌体的单块砖内产生复杂的应力状态。使砖的抗压强度不能充分发挥，所以砖砌体的受压工作性能与荷载作用下砌体内砖和砂浆的应力状态有关。研究表明：在压应力作用下，砌体内砖和砂浆的应力状态有如下特点：

（1）首先在砌筑过程中，通常会引起砌体内灰缝的薄厚、砂浆的饱满度和密实性的不均匀，以及砖表面的不平整。就单块砖而言，砖的上、下面所承受的力并不十分对称，使得单块砖内还将出现弯应力、剪应力。由于砖抵抗这些应力的能力很差，因而单块砖弯曲所产生的弯、剪应力使砌体中出现第一批裂缝。若砌筑质量较好，砂浆铺砌均匀平整，砌体的抗压强度也有所提高；若砌筑质量较差，砂浆铺砌不均匀平整，则加大了单块砖内的弯、剪应力，造成抗压强度降低。这也是本书试验的一些试件的抗压强度出现了强度倒置现象的主要原因。

（2）砖和砂浆的交互作用。通过试验观测和分析，砌体在单轴压力作用下，砂浆比块体更易产生侧向膨胀。主要原因是在砖砌体中砖和砂浆的横向变形系数和弹性模量不同，通常砖的横向变形小于中低强度等级的砂浆，在压力作用下，由于二者的交互作用，砌体的横向变形将介于砖和砂浆单独作用时的变形之间，砖受砂浆的影响加大了横向变形，所以砖内产生了拉应力，如图 3-10 所示，砂浆三向受压，砖纵向受压，横向受拉。由于在砖内产生拉应力，从而使砖内裂缝的出现变快，所以用低强度砂浆砌筑的砌体，其砖一般较早出现裂缝。

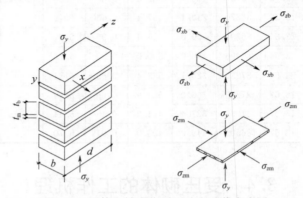

图 3-10　砌体在轴向作用下砖和砂浆应力图

（3）砂浆的弹性性质影响。砌体内的砖可看作作用在弹性地基上的梁，其下面的砂浆即为弹性"地基"。"地基"的弹性模量愈越小，当砖承受由上部砌体传来的力时，砖的弯曲变形越大，因而在砖内发生的弯、剪应力也越高。

（4）竖向灰缝形成薄弱点。砌体的竖向灰缝通常是不饱满的，降低了竖向灰缝内砂浆和砖的黏结力，从而使砌体的整体性降低，使得位于竖向灰缝上下皮的砖易出现应力集中，加快砖的开裂，终将引起砌体强度的降低。

综上分析，在均匀压力作用下，砌体内的砖块并不是均匀受压，而是处在复杂的受力状态下，受到拉应力、剪切和弯曲的共同影响[15]。

3.5　抗压强度平均值计算公式

3.5.1　数理统计方法

数理统计方法是通过对砌体抗压试验所得的试验数据进行统计分析，在此基础上建立砌体抗压强度计算公式。目前世界上许多国家（包括我国）的规范中给出的砌体抗压强度计算公式是按此方法确定的[12]。

（1）现有按数理统计方法确定的砌体抗压强度表达式

20 世纪 30 年代，奥尼西克教授通过对试验数据进行分析建立了砌体抗压强度计算公式（3-7）[26]，公式中反映了影响砌体抗压强度的主要因素，是世界上最早较精确合理地建立的砌体抗压强度计算公式。但该公式中参数较多，表达上较复杂：

$$f_k = \psi_u f_1 \left(1 - \frac{\alpha}{\beta + \frac{f_2}{2 f_1}} \right) \gamma \tag{3-7}$$

其中：ψ_u 为砌体内块体强度的利用系数；f_1、f_2 分别为块体和砂浆的强度，MPa；α、β 为与块体厚度及其几何形状的规则程度有关的系数；γ 为仅在确定低强度砂浆的砌体强度时采用的系数。

美国的 Grimm[16] 通过大量的试验资料建立了砖棱柱体的抗压强度表达式（3-8）。公式中考虑的因素亦比较多，但它只适用于计算砖砌棱柱体的抗压强度：

$$f = 1.42 \zeta \eta f_{mb} 10^{-8} (f_{mm}^2 + 9.45 \times 10^6)(1 + \xi)^{-1} \tag{3-8}$$

其中：ζ 为砖棱柱体的长细比影响系数；η 为材料尺寸系数；ξ 为砌筑质量系数；f_{mb} 为砖抗压强度平均值，MPa；f_{mm} 为砂浆立方体抗压强度，MPa。

英国规范和国际标准化组织砌体结构技术委员会（ISO/TC179）给出的砌体抗压强度表达式为：

$$f = \alpha f_1^\beta f_2^\gamma \tag{3-9}$$

其中，$\alpha = 0.4$；$\beta = 0.7$；$\gamma = 0.3$。

这个公式比较简单，但是当 $f_2 = 0$ 时，计算 $f = 0$，这与实际情况不符[16]。

我国现行《砌体结构设计规范》（GB 50003—2011）公式也是根据试验数据资料提出的。通过对砌体抗压强度的试验研究，发现各类砌体轴心抗压强度平均值主要取决于块体和砂浆的抗压强度。采用统一的公式为：

$$f_m = k_1 f_1^\alpha (1 + 0.07 f_2) k_2 \tag{3-10}$$

其中，f_m 为砌体抗压强度平均值，MPa；k_1 为块体类别和砌体砌筑方法有关的参数；f_1 为块体抗压强度平均值，MPa；α 为与试块高度有关的参数；f_2 为砂浆抗压强度平均值，MPa；k_2 为砂浆强度较低时，砌体抗压强度修正系数。

公式（3-10）反映了影响砌体抗压强度的主要因素；且计算结果与试验结果吻合较好；对于各类砌体，计算公式形式上一致，比较方便。

按数理统计方法提出的砌体抗压强度表达式的优点为：计算的数值比较准确，离散性低，应用起来简单方便。但由于缺乏理论根据，其缺点是需要对不同种类的砌体给出不同的参数，建立不同的计算表达式[17]。

（2）试验实测值与现行规范公式计算值对比

《砌体结构设计规范》（GB 50003—2011）中，对于蒸压粉煤灰砖及烧结黏土砖砌体，计算砌体抗压强度平均值公式为：

$$f_m = 0.78 f_1^{0.5}(1 + 0.07 f_2) \tag{3-11}$$

f_1、f_2 取实测值代入式（3-11），得抗压强度规范公式计算值 f_m^c，与实测平均值 $\overline{f_m}$ 的比较见表3-9。

表3-9　轴心受压砌体抗压强度值

砌体种类	f_1/ MPa	f_2/ MPa	$\overline{f_m}$/ MPa	f_m^c/ MPa	f_m^1/ MPa	f_m^2/ MPa	$\overline{f_m}/f_m^c$	$\overline{f_m}/f_m^1$	$\overline{f_m}/f_m^2$
蒸压粉煤灰实心砖	16.8	9.26	8.51	5.27	5.27	8.28	1.61	1.61	1.03
	16.8	13.69	8.46	6.26	6.03	8.51	1.35	1.40	0.99
	16.8	18.67（专）	8.76	7.38	6.74	8.76	1.25	1.29	1.00
	16.8	19.75	9.01	7.62	6.88	8.81	1.18	1.31	1.02
	16.8	23.94	8.58	8.56	7.37	9.02	1.00	1.16	0.95
烧结黏土砖	19.7	11.29	9.27	6.20	6.12	10.15	1.50	1.51	0.91
	19.7	14.39	9.94	6.95	6.64	10.33	1.43	1.50	0.96
	19.7	15.90（专）	11.21	7.31	6.88	10.42	1.53	1.63	1.08
	19.7	19.88	10.07	8.28	7.46	10.65	1.22	1.35	0.95
	19.7	23.97	11.02	9.27	7.97	10.90	1.19	1.38	1.01
蒸压粉煤灰多孔砖	10.46	9.26	5.66	4.16	4.16	5.58	1.36	1.36	1.01
	10.46	13.69	5.52	4.94	4.76	5.72	1.12	1.16	0.96
	10.46	18.67（专）	5.71	5.82	5.32	5.88	0.98	1.07	0.97
	10.46	19.75	5.84	6.01	5.42	5.91	0.97	1.08	0.99
	10.46	23.94	6.05	6.75	5.81	6.04	0.90	1.04	1.00

从表3-9中可见，蒸压粉煤灰实心砖砌体的实测值与规范公式计算值的比值在 1.00～1.61 之间，平均为 1.28，蒸压粉煤灰多孔砖砌体的比值在 0.90～1.36之间，平均为 1.07；黏土砖砌体的比值在 1.19～1.53 之间，平均为 1.37。对于烧结黏土砖砌体，试验值都高于规范公式计算值。

另外，从表3-9中可见，在块材强度不变的情况下，实测砌体强度随砂浆强度的增加不是按正比增长。这与《砌体结构设计规范》（GB 50003—2011）强度平均值公式反映的当块材强度不变时，砌体强度随着砂浆强度的增加按正比增长不一致。表 3-9 中数据分析发现：随着砂浆强度的增加，$\overline{f_m}/f_m^l$ 的比值基本在降低，甚至低于 1。当 f_1 与 f_2 值接近时，$\overline{f_m}$ 与 f_m^l 值非常接近，而 f_1 与 f_2 值相差越大时，$\overline{f_m}$ 与 f_m^l 值相差也越大。说明规范公式高估了砂浆强度较高时其对砌体抗压强度的影响，当砂浆强度较高或砂浆强度高于块材强度较多时，规范公式计算值偏高，偏于不安全，需对其进行修正以提出适合蒸压粉煤灰砖砌体的抗压强度平均值计算公式。

（3）根据数理统计方法对现行规范公式的改进

由以上原因，偏于安全的建议是：当砂浆强度＞10MPa 时，在公式（3-11）中引入 k_3——砂浆强度较高或砂浆强度高于块材强度时对砌体强度影响的修正系数。根据试验数据综合分析，建议 $k_3＝1.1－0.01f_2$。

于是蒸压粉煤灰砖砌体抗压强度平均值计算公式为：

$$f_m^l＝0.78f_1^{0.5}(1＋0.07f_2)(1.1－0.01f_2)\quad(f_2＞10\text{MPa})\tag{3-12}$$

式（3-11）计算结果见表 3-9 中 f_m^l，所得计算值全部低于试验值，且 $\overline{f_m}$ 与 f_m^l 的比值在 1.04～1.63 之间，标准差为 0.19。说明该公式与试验值吻合较好且更安全。而且，该式与《砌体结构设计规范》（GB 50003—2011）条文说明 3.2.1-4 中当砂浆强度高于砌块强度时，混凝土砌块砌体抗压强度平均值公式（3-13）形式保持一致：

$$f_m＝0.46f_1^{0.9}(1＋0.07f_2)(1.1－0.01f_2)\quad(f_2＞10\text{MPa})\tag{3-13}$$

3.5.2　弹性理论方法

基于弹性理论分析方法，通过对砌体受压时的破坏机理进行研究来建立砌体抗压强度表达式。比较典型的应用弹性理论分析方法建立砌体抗压强度表达式的是 Francis A J[23]等人，是以单块砖叠砌的棱柱体试件为研究对象建立砌体抗压强度计算公式。

下面对 Francis 理论公式进行改进，分析时做如下简化[18-22]：①砖弹性模量大于砂浆弹性模量，即当砌体受到竖向压力 σ_y 作用时，在砖内将产生横向拉应力，砂浆内则产生横向压应力；②砖与砂浆之间完全粘结，不产生滑移；③忽略试验机压板对砌体上、下表面约束变形产生的作用。

取砖砌体中一块砖和一层砂浆作为研究对象，分离单元体进行受力分析，其中砖和砂浆的应力分布如图 3-11 所示。

由图 3-11 分析得出：

砖在 x 轴、z 轴方向的应变为：

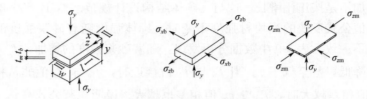

图 3-11 砖砌体中砖，砂浆单元体的应力状态

$$\varepsilon_{xb} = [\sigma_{xb} + \nu_b(\sigma_y - \sigma_{zb})]/E_b \tag{3-14}$$

$$\varepsilon_{zb} = [\sigma_{zb} + \nu_b(\sigma_y - \sigma_{xb})]/E_b \tag{3-15}$$

砂浆在 x 轴、z 轴方向的应变为：

$$\varepsilon_{xm} = [-\sigma_{xm} + \nu_m(\sigma_y + \sigma_{zm})]/E_m \tag{3-16}$$

$$\varepsilon_{zm} = [-\sigma_{zm} + \nu_m(\sigma_y + \sigma_{xm})]/E_m \tag{3-17}$$

其中，σ_{xb}、σ_{zb}、σ_{xm}、σ_{zm} 分别为砖和砂浆 x 方向和 z 方向的应力；ε_{xb}、ε_{zb}、ε_{xm}、ε_{zm} 分别为砖和砂浆 x 方向和 z 方向的应变；ν_b、ν_m 分别为砖和砂浆的泊松比；E_b、E_m 分别为砖和砂浆的弹性模量。

由 $\varepsilon_{xb} = \varepsilon_{xm}$，并令 $E_b/E_m = \beta_1$，得

$$\sigma_{xb} + \nu_b(\sigma_y - \sigma_{zb}) = \beta_1[-\sigma_{xm} + \nu_m(\sigma_y + \sigma_{zm})] \tag{3-18}$$

由 $\varepsilon_{zb} = \varepsilon_{zm}$，得：

$$\sigma_{zb} + \nu_b(\sigma_y - \sigma_{xb}) = \beta_1[-\sigma_{zm} + \nu_m(\sigma_y + \sigma_{xm})] \tag{3-19}$$

沿 Ⅰ—Ⅰ 剖面取分离体，由力的平衡条件 $\sum Z = 0$，得：

$$\sigma_{zb}w \cdot t_b = \sigma_{zm}w \cdot t_m \tag{3-20}$$

令 $\alpha = t_b/t_m$，式（3-20）即为：

$$\sigma_{zm} = \alpha\sigma_{zb} \tag{3-21}$$

沿 Ⅱ—Ⅱ 剖面取分离体，由力的平衡条件 $\sum X = 0$，得：

$$\sigma_{xb}l \cdot t_b = \sigma_{xm}l \cdot t_m \tag{3-22}$$

即为：

$$\sigma_{xm} = \alpha\sigma_{xb} \tag{3-23}$$

将式（3-21）、式（3-23）代入式（3-18）、式（3-19），得：

$$\sigma_{xb}(1 + \alpha\beta_1) - \sigma_{zb}(\nu_b + \alpha\beta_1\nu_m) = (\beta_1\nu_m - \nu_b)\sigma_y \tag{3-24}$$

$$\sigma_{xb}(\nu_b + \alpha\beta_1\nu_m) - \sigma_{zb}(1 + \alpha\beta_1) = (\nu_b - \beta_1\nu_m)\sigma_y \tag{3-25}$$

联立求解式（3-24）、式（3-25），得：

$$\sigma_{xb} = \sigma_{zb} = \frac{\sigma_y(\beta_1\nu_m - \nu_b)}{1 + \alpha\beta_1 - \nu_b - \alpha\beta_1\nu_m} \tag{3-26}$$

根据 Hilsdorf 破坏理论[23]（图 3-12），得

$$\sigma_{zb} = \sigma_{tb} - \frac{\sigma_{tb}}{\sigma_{cb}}\sigma_{yb} \tag{3-27}$$

式中，σ_{tb}、σ_{cb} 分别为砖抗拉、抗压强度。

将式（3-26）代入式（3-27），得：

$$\sigma_y = \frac{\sigma_{cb}}{1 + \dfrac{\sigma_{cb}}{\sigma_{tb}} \cdot \dfrac{\beta_1 \nu_m - \nu_b}{1 + \alpha \beta_1 - \nu_b - \alpha \beta_1 \nu_m}} \quad (3\text{-}28)$$

由于 $\alpha \beta_1 (1 - \nu_m)$ 远远大于 $(1 - \nu_b)$，式（3-28）近似得：

$$\sigma_y = \frac{\sigma_{cb}}{1 + \dfrac{\sigma_{cb}}{\sigma_{tb}} \cdot \dfrac{\beta_1 \nu_m - \nu_b}{\alpha \beta_1 (1 - \nu_m)}} \quad (3\text{-}29)$$

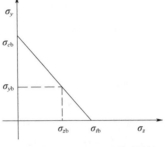

图 3-12　Hilsdorf 建议的块
体的破坏准则

将 $\beta_1 = E_b / E_m$、$\alpha = t_b / t_m$ 代入式（3-29），得：

$$\sigma_y = \sigma_{cb} \left[\frac{\dfrac{t_b}{t_m} \cdot \dfrac{E_b}{E_m} (1 - \nu_m)}{\dfrac{t_b}{t_m} \cdot \dfrac{E_b}{E_m} (1 - \nu_m) + \dfrac{\sigma_{cb}}{\sigma_{tb}} \cdot \dfrac{E_b}{E_m} \nu_m - \dfrac{\sigma_{cb}}{\sigma_{tb}} \nu_b} \right] \quad (3\text{-}30)$$

式（3-30）比较烦琐，不便于直接应用于工程设计，所以对其做进一步简化。式（3-30）中，对同一种块体，$\dfrac{\sigma_{cb}}{\sigma_{tb}}$、$\dfrac{t_b}{t_m}$、$\nu_b$、$\nu_m$ 取值相对稳定，变化不大。由文献［12］可知，E_b、E_m 分别与砖、砂浆的抗压强度有关，故式（3-30）中方括号项可表达成砖的抗压强度（f_1）和砂浆的抗压强度（f_2）的函数，并结合本书试验结果，运用 Matlab 数学软件的多元非线性拟合，将式（3-30）简化为下列形式：

$$f_m^2 = 4.47 - f_1 (0.123 - 0.019 f_1 + 0.003 f_2) \quad (3\text{-}31)$$

其中，f_m^2 为砌体抗压强度平均值，MPa；f_1、f_2 分别为砖、砂浆的抗压强度平均值，MPa。

将式（3-31）确定的砖砌体抗压强度计算值 f_m^2 与实测平均值 $\overline{f_m}$ 及《砌体结构设计规范》（GB 50003—2011）取值 f_m^c 进行对比，得出 $\overline{f_m}/f_m^2$ 的平均值为 1.02，标准差为 0.041，其中蒸压粉煤灰实心砖砌体试件 $\overline{f_m}/f_m^2$ 的平均值为 1.02，标准差为 0.031；多孔砖 $\overline{f_m}/f_m^2$ 的平均值为 1.01，标准差为 0.057；黏土砖 $\overline{f_m}/f_m^2$ 的平均值为 1.02，标准差为 0.018。公式计算值与实测值吻合很好。

3.6　抗压强度标准值和设计值

各组抗压强度试验平均值的标准差按式（3-32）计算：

$$\sigma = \sqrt{\frac{1}{n} \sum_{i=1}^{n} (x_i - m_z)^2} \quad (3\text{-}32)$$

其中，x_i 为各试件试验值；m_z 为各组试验平均值；n 为各组的试件数量。

变异系数按式（3-33）计算：

$$\delta = \frac{\sigma}{m_z} \tag{3-33}$$

按式（3-32）、式（3-33）计算的各组试验试件抗压强度标准差和变异系数见表 3-6～表 3-8。

从表 3-6～表 3-8 可以看出，蒸压粉煤灰砖砌体各组试件抗剪强度值的变异系数基本小于 0.20，其中实心砖平均值为 0.084，多孔砖平均值为 0.058，说明蒸压粉煤灰砖砌体试验结果正常、数据可靠。偏于安全考虑，蒸压粉煤灰砖砌体抗剪强度试验值的变异系数取 $\delta = 0.20$，那么具有 95% 保证率的蒸压粉煤灰砖砌体抗剪强度标准值计算公式为：

$$f_{v,k} = f_{v,m}(1 - 1.645\delta) \tag{3-34}$$

设计值计算公式为：

$$f = f_{v,k}/\gamma_f \tag{3-35}$$

其中，γ_f 为砌体结构材料分项系数，施工质量控制等级为 B 级，取 $\gamma_f = 1.6$。所以：

$$f = 0.42f_{v,m} \tag{3-36}$$

由式（3-35）、式（3-36）抗压强度标准值、设计值与试验平均值有直接关系。从表 3-9 中可见，蒸压粉煤灰实心砖砌体的试验平均值与规范公式计算值的比值在 1.00～1.61 之间，平均比值为 1.28；蒸压粉煤灰多孔砖砌体的比值在 0.90～1.36 之间，平均比值为 1.07。规范组成员单位重庆大学[12]、长沙理工大学[24] 及陕西省建筑科学研究院[25] 的蒸压粉煤灰实心砖砌体抗压强度试验值，与按 GB 50003 计算值的比值的平均值分别为 1.29、1.03、1.23；重庆大学、陕西省建筑科学研究院的蒸压粉煤灰多孔砖砌体抗压强度试验值，与按 GB 50003 计算值的比值的平均值分别为 1.28、1.01。抗压强度试验平均值高于规范公式计算值，且抗压强度标准值和设计值根据抗压强度平均值计算得出。因此，蒸压粉煤灰砖砌体的抗压强度标准值与设计值采用《砌体结构设计规范》（GB 50003）值，纳入《蒸压粉煤灰砖建筑技术规范》（CECS 256）。

3.7　蒸压粉煤灰砖砌体本构关系

砌体的本构关系、弹性模量和泊松比是砌体结构强度计算、内力分析和有限元分析中不可缺少的指标。蒸压粉煤灰砖由于其原材料、生产工艺与烧结黏土砖不同，其应力-应变关系是否与烧结黏土砖无异，本章将对这一问题进行探讨。以国内外相关研究为基础，结合试验测得应力-应变曲线按对数函数形式和多项式形式提出蒸压粉煤灰砖砌体的本构关系表达式。基于试验数据，通过数理统计分析，给出蒸压粉煤灰实心砖和多孔砖砌体的弹性模量及泊松比的设计指标。

3.7.1　单轴受压砌体本构关系

砌体受压本构关系是描述砌体受压应力-应变关系的数学方程。近年来，国内外研究者在这方面做了很多工作，提出了许多本构方程，其中包括对数函数型、指数型、直线型、能量损伤型、多项式型及微观考虑强度统计分布模型等。

（1）对数函数型本构关系

① 19 世纪 30 年代前苏联学者 Оннщнк（奥尼西克）提出对数型的表达式[26]：

$$\varepsilon = -\frac{1.1}{\xi}\ln\left(1 - \frac{\sigma}{1.1 f_{\mathrm{k}}}\right) \tag{3-37}$$

其中，ε 为砌体的应变；σ 为砌体的应力；ξ 是与块体类别和砂浆有关的弹性特征值；f_{k} 为砌体抗压强度标准值。

式（3-37）反映了砌体构件的稳定系数和弹性模量对应变的影响，但遗憾的是未反映砂浆和块体强度的影响。而且将 $1.1 f_{\mathrm{k}}$ 作为砌体的条件屈服，无论在试验上还是理论上都无法解释。

② 施楚贤根据式（3-37）的形式，通过对 87 个砖砌体的试验数据统计分析，提出了以砌体抗压强度平均值 f_{m} 为基本变量的砖砌体应力-应变表达式[27]：

$$\varepsilon = -\frac{1}{\xi\sqrt{f_{\mathrm{m}}}}\ln\left(1 - \frac{\sigma}{f_{\mathrm{m}}}\right) \tag{3-38}$$

式（3-38）将砌体变形与块体强度，砂浆强度及其变形性能建立关系，较全面地反映了它们之间的相互影响。对各类砌体，均可采用式（3-38）的形式，做到了表达式形式的统一。但对于不同的砌体，需要根据试验数据统计求得相应的 ξ 值。表达式还表明了：在压力作用下，砌体的抗压强度越大，应变在降低，随着应力的增加，应变在增大。

（2）指数函数型本构关系

① 1989 年，Krishna Naraine 和 Sachchidanand Sinha 提出了指数函数形式的本构关系模型[28]：

$$\frac{\sigma}{\sigma_0} = \frac{\varepsilon}{\varepsilon_0} e^{\left(1 - \frac{\varepsilon}{\varepsilon_0}\right)} \tag{3-39}$$

其中，σ_0、ε_0 分别为峰值应力及相应的应变；σ、ε 分别为轴向压应力、压应变。

② 1997 年，Lidia La Mendola 对模型（3-39）做了改进，用砌体极限压应变 ε_m 和相应的 σ_m 来描述[29]：

$$\varepsilon_m = \alpha \varepsilon_0 \tag{3-40}$$

$$\sigma_m = \alpha \sigma_0 e^{1-\alpha} \tag{3-41}$$

$$\frac{\sigma}{\sigma_m} = \frac{\varepsilon}{\varepsilon_m} e \alpha^{(1-\varepsilon/\varepsilon_m)} \tag{3-42}$$

其中，α 是非线性本构方程系数。当 $0 \leqslant \alpha < 1$ 时，应变随着应力增大而增大，直到破坏，即只反映了上升段；当 $\alpha = 1$ 时，式（3-42）表示一个完全弹性的线性本构方程；当 $\alpha > 1$ 时，式（3-42）表示了试验曲线所反映出的下降段。

③ K. Naraine 和 S. Sinha 研究了反复荷载作用下砌体的受压性能，给出用指数形式表示的曲线表达式[30]：

$$\sigma = \frac{\beta \varepsilon e^{\left(1 - \frac{\varepsilon}{\alpha}\right)}}{\alpha} \tag{3-43}$$

其中，α 与 β 为常数。

（3）分段式本构关系

① 同济大学朱伯龙给出了两段式本构关系模型[31]：

$$\frac{\sigma}{f_m} = \frac{\varepsilon/\varepsilon_0}{0.2 + 0.8\varepsilon/\varepsilon_0} \quad \varepsilon \leqslant \varepsilon_0 \tag{3-44}$$

$$\frac{\sigma}{f_m} = 1.2 - 0.2\frac{\varepsilon}{\varepsilon_0} \quad \varepsilon \geqslant \varepsilon_0 \tag{3-45}$$

其中，f_m 为砌体的抗压强度；ε_0 为对应于 f_m 的应变。

式（3-44）、式（3-45）可以说是非常简单的本构关系表达式，但有限元分析中，为了在分析过程中防止出现不收敛点，应力-应变曲线应光滑连续。

② 庄一舟[32]给出的两段式本构关系模型：

$$\begin{cases} y = \dfrac{1.52x - 0.279x^2}{1 - 0.483x + 0.724x^2} & x \leqslant 1 \tag{3-46} \\[3mm] y = \dfrac{3.4x - 1.13x^2}{1 + 1.4x - 0.13x^2} & x \geqslant 1 \tag{3-47} \end{cases}$$

其中，$y = \dfrac{\varepsilon}{\varepsilon_0}$，$x = \dfrac{\sigma}{\sigma_0}$。$\sigma_0$ 为砌体的抗压强度；ε_0 为对应于 σ_0 的应变。

式（3-46）、式（3-47）在 $\varepsilon = \varepsilon_0$ 处光滑连续，但公式推导较烦琐。

（4）幂函数型本构关系

① Turnsek 和 Cacovic 依据试验数据，提出了抛物线型本构关系表

达式[23]：

$$\frac{\sigma}{\sigma_{\max}} = 6.4\left(\frac{\varepsilon}{\varepsilon_0}\right) - 5.4\left(\frac{\varepsilon}{\varepsilon_0}\right)^{1.17} \tag{3-48}$$

Powell 与 Hodgkinson 亦采用了与该式相似的形式[33]：

$$\frac{\sigma}{\sigma_{\max}} = 2\left(\frac{\varepsilon}{\varepsilon_0}\right) - \left(\frac{\varepsilon}{\varepsilon_0}\right)^2 \tag{3-49}$$

其中，$\sigma_{\max}$ 为砌体的抗压强度；ε_0 为对应于 $\sigma_{\max}$ 的应变。

式（3-48）、式（3-49）较便于应用在砌体结构受力全过程的非线性有限元分析中，且应用较广泛，它的形式与混凝土材料的本构关系完全相同。

② 文献［34］中记录了 Scott Mc Nary、Abrams 在 1985 年，Ahmad 等在 1987 年，Sinha、Devekey 在 1990 年以及 Zingone 在 1991 年提出的砌体本构方程，分别为：

$$\sigma = 4993.04\varepsilon^{0.86} \tag{3-50}$$

$$\sigma = 117.48\varepsilon^{058} \tag{3-51}$$

$$\sigma = 12870\varepsilon^{0.93} \tag{3-52}$$

$$\sigma = 256\varepsilon^{0.54} \tag{3-53}$$

式（3-50）～式（3-53）可采用统一形式 $\sigma = A\varepsilon^n$ 表达，其中的系数 A、n 各不相同，可通过各自的试验资料统计回归确定。式（3-50）～式（3-53）均未能反映砂浆强度、块体强度及其变形性能与砌体变形之间的关系，且系数 A、n 没有明确的物理意义。

（5）有理分式型本构关系

Madan 等人采用研究混凝土的方法来研究砌体受压本构关系，给出有理分式型的本构关系方程[35]：

$$\sigma = \frac{\sigma_{\max}\left(\frac{\varepsilon}{\varepsilon_0}\right)\gamma}{\gamma - 1 + \left(\frac{\varepsilon}{\varepsilon_0}\right)\gamma} \tag{3-54}$$

其中，γ 为非线性参数。

式（3-54）比较复杂，参数的物理意义也不明确。

（6）多项式型本构关系

曾晓明在文献［36］中鉴于指数函数和多项式最便于积分运算，采用 4 个方程式分段模拟砌体本构关系曲线：

$$y = a + bz + cz^2 + dz^3 \tag{3-55}$$

其中，$y = \sigma/f_m$，$z = e^{-460\varepsilon_0\sqrt{f_m}x}$，$x = \varepsilon/\varepsilon_0$。式中的系数 a、b、c、d 在不同阶段取值不同。

该本构方程可反映出砌体受压应力-应变全曲线的 4 个特征点，并且曲线在 4 个特征点处光滑连续。

（7）从损伤力学的角度考虑

① Lemaitre 等（吴鸿迪，1985）发表一系列文章[37]，从损伤力学的角度，考虑到材料损伤过程，提出了连续损伤力学模型，并建立了一维损伤模型：

$$\sigma=(1-D)\sigma_e=E(1-D)\varepsilon \tag{3-56}$$

其中，σ_e 为有效应力；$1-D$ 为有效承受内力的相对面积；D 为损伤参数，在单轴应力状态下，表示材料体积单元中存在的微裂缝（微空隙、微缺陷）的比率，$D=0$，相当于无损坏的完整材料，这是一种参考状态；$D=1$，相当于材料完全损伤。若初始损伤 $D_0=0$，则

$$D=\int_0^\varepsilon \varphi(x)\mathrm{d}x=\int_0^\varepsilon \left[\frac{M}{\varepsilon_0}\cdot\left(\frac{x}{\varepsilon_0}\right)^{m-1}\cdot e^{-\left(\frac{x}{\varepsilon_0}\right)^m}\right]\mathrm{d}x=1-e^{-\left(\frac{\varepsilon}{\varepsilon_0}\right)^m} \tag{3-57}$$

② 东北大学王述红（2005）[38] 提出了非均匀微元强度分布为 Weibull 分布时砌体单轴受压应力-应变关系方程：

$$\sigma=E\varepsilon\cdot e^{-\left(\frac{\varepsilon}{\varepsilon_0}\right)^m} \tag{3-58}$$

其中，m 为均匀性系数。

3.7.2　蒸压粉煤灰砖砌体本构关系

（1）实测蒸压粉煤灰砖砌体受压应力-应变曲线

试验时，记录下试件在每一级荷载下的位移值。逐级荷载下的轴向应力和应变通过式（4-59）得到：

$$\sigma=\frac{N_i}{A} \tag{3-59}$$

$$\varepsilon=\frac{\Delta l}{l} \tag{3-60}$$

其中，σ 为逐级荷载下的应力值，$\mathrm{N/mm^2}$；N_i 为试件承受的逐级荷载值，N；ε 为逐级荷载下的轴向应变值，mm；Δl 为逐级荷载下的轴向变形值，mm；l 为轴向测点间的间距，mm。

试验在普通压力机上进行，当应力达到砌体极限应力时，砌体内的应力降低，由于压力机的刚度不够，积存在压力机内的应变能急速释放，砌体迅速破坏，此后的应力-应变关系未能量测出。且依据《砌体基本力学性能试验方法标准》（GB/T 50129—2011），当加荷至预估破坏荷载值的 80% 时，为防止仪表破坏，此时拆除仪表。因此试验只测出了曲线的上升段，如图 3-13 所示。

由图 3-13 实测三种砖砌体的应力-应变曲线的对比发现：三种砖砌体的曲

线斜率，烧结黏土砖砌体＞蒸压粉煤灰实心砖砌体＞蒸压粉煤灰多孔砖砌体。即在相同应力作用下，烧结黏土砖砌体的应变最小，蒸压粉煤灰实心砖砌体其次，多孔砖砌体应变相对较大。说明蒸压粉煤灰砖砌体的变形性能优于烧结黏土砖砌体，且多孔砖砌体变形性能优于实心砖砌体。

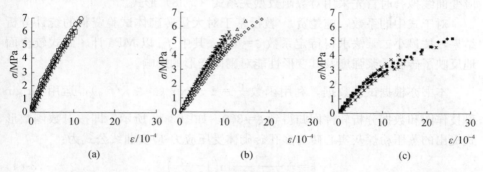

图 3-13　实测砌体应力-应变曲线
（a）烧结黏土普通砖砌体；（b）蒸压粉煤灰实心砖砌体；（c）蒸压粉煤灰多孔砖砌体

（2）峰值压应变 ε_0 及极限应变 ε_u

峰值应变是指砌体压应力达到峰值时所对应的纵向应变值，是砌体应力-应变关系曲线的重要参数之一。文献［23］提供的峰值压应变在 0.0026～0.0049 之间并列出了很多表达形式不一的砌体单轴受压应力-应变曲线进行对比，综合分析取 $\varepsilon_0 = 0.003$；四川建筑科研院根据烧结普通砖砌体的试验资料给出 ε_0 取 0.0038[39]；西安建筑科技大学根据多孔砖砌体的试验资料给出 ε_0 取 0.0024[23]；重庆建筑大学根据页岩砖砌体的试验结果取 $\varepsilon_0 = 0.0033$[40]。综合以上研究，建议蒸压粉煤灰砖砌体 ε_0 取 0.003。

文献［23］还指出，各类应力-应变曲线的上升段相差很小，下降段相差较大；各类砖砌体的极限应变与峰值应变之比 $\varepsilon_u/\varepsilon_0$，均为 1.6 左右；文献［41］中给出受压黏土砖砌体的 $\varepsilon_u/\varepsilon_0$ 比值为 1.58；Powell、Hodgkinson[33]基于 4 种不同类型的砖砌体受压试验结果，绘出它们各自的应力-应变曲线及其无量纲化应力-应变曲线，发现 4 种类型砖砌体无量纲化后的应力-应变曲线完全相同，比值 $\varepsilon_u/\varepsilon_0$ 均为 1.6 左右。Krishna Naraine、Sachchidand Sinha[42]提出：压力方向无论是与水平灰缝垂直还是与水平灰缝平行，两种情形下砖砌体的 $\varepsilon_u/\varepsilon_0$ 比值均为 1.60。

综上，虽然砖砌体种类各不相同，抗压强度有高有低，且 ε_0 及 ε_u 各不相同，但无量纲化后的各种类型砖砌体的应力-应变曲线大致一样，比值 $\varepsilon_u/\varepsilon_0$ 均为 1.6 左右。

（3）蒸压粉煤灰砖砌体本构关系表达式

① 按对数函数型。因对数函数型应力-应变曲线关系式（3-38）是根据大量的试验和经验所得，且具有能方便地推导出弹性模量和稳定系数，关系式中参数具有明确物理意义等优点，所以本书在对蒸压粉煤灰砖砌体受压应力-应变曲线拟合时首先采用对数函数型关系式（3-38）形式。

对于式中的系数，施楚贤[52]教授基于对大量砖砌体试验资料的统计分析结果，按最小二乘法求得待定系数 $\xi=460$，其中 f_m 以 MPa 计。此式较全面地反映了砖和砂浆强度及其变形性能对砌体变形的影响。

本书亦根据试验数据，利用函数 $\dfrac{\sigma}{f_m}=1-\exp\left(-\xi\sqrt{f_m}\right)$，运用 Origin 科技作图和数据分析软件回归得到 $\xi=300$，如图 3-14 所示，即按对数函数形式提出的蒸压粉煤灰实心砖与多孔砖砌体受压应力-应变曲线公式为：

$$\varepsilon=-\frac{1}{300\sqrt{f_m}}\ln\left(1-\frac{\sigma}{f_m}\right) \tag{3-61}$$

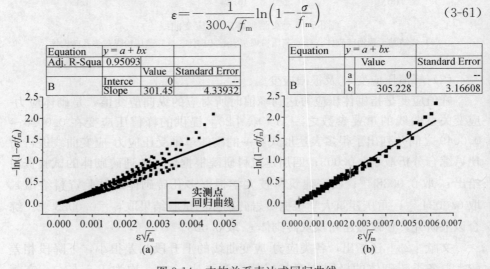

图 3-14　本构关系表达式回归曲线

（a）蒸压粉煤灰实心砖砌体；（b）蒸压粉煤灰多孔砖砌体

② 按多项式型。根据应力-应变全曲线特点，上升段可用一元二次抛物线表示。可设抛物线方程为 $y=Ax^2+Bx+C$，令 $y=\sigma/f_m$，$x=\varepsilon/\varepsilon_0$。

根据分析，有如下条件：（a）$x=0$，$y=0$，抛物线过原点；（b）$x=1$，$y=1$，抛物线过顶点；（c）$\left.\dfrac{\mathrm{d}y}{\mathrm{d}x}\right|_{x=1}=0$；（d）$\left.\dfrac{\mathrm{d}y}{\mathrm{d}x}\right|_{x=0}$ 0。

由以上条件可推得：

$$y=-x^2+2x \tag{3-62}$$

即：

$$\frac{\sigma}{f_m} = 2\left(\frac{\varepsilon}{\varepsilon_0}\right) - \left(\frac{\varepsilon}{\varepsilon_0}\right)^2 \tag{3-63}$$

以 $\varepsilon/\varepsilon_0$ 为变量，ε_0 按 3.7.2 节分析结果取 0.003。将实测曲线对应 σ/f_m 实测值与理论公式（3-63）计算的 σ/f_m 对比分析，得出蒸压粉煤灰实心砖砌体实测值/计算值＝1.012，标准差为 0.159；蒸压粉煤灰多孔砖砌体实测值/计算值＝0.932，标准差为 0.121。该方程与混凝土材料本构关系形式一致，且与试验值吻合很好。

对于下降段，根据文献［23］，曲线过极限压应力后进入下降段，原有裂缝明显加宽、连通，伴有新的裂缝产生，试件基本上已丧失了继续承载的能力。曲线由向上凸变成向下凹，约在荷载降至 $0.63P_u \sim 0.73P_u$ 时，出现反弯点，该阶段的卸载难以控制，从曲线上得到的反弯点离散较大。根据文献［23］可简化为直线描述，该直线由（1，1）、（1.6，0.88）两点确定。因此，砌体应力-应变曲线下降段的表达式为：

$$\frac{\sigma}{f_m} = 1.2 - 0.2\frac{\varepsilon}{\varepsilon_0} \tag{3-64}$$

本书按多项式形式提出的蒸压粉煤灰砖砌体的应力-应变全曲线模型为：

$$\begin{cases} \dfrac{\sigma}{f_m} = 2\left(\dfrac{\varepsilon}{\varepsilon_0}\right) - \left(\dfrac{\varepsilon}{\varepsilon_0}\right)^2 & 0 \leqslant \dfrac{\varepsilon}{\varepsilon_0} \leqslant 1 \\ \dfrac{\sigma}{f_m} = 1.2 - 0.2\dfrac{\varepsilon}{\varepsilon_0} & 1 \leqslant \dfrac{\varepsilon}{\varepsilon_0} \leqslant 1.6 \end{cases} \tag{3-65}$$

综上所述，国内外研究者提出的单轴受压砌体本构关系表达式各不相同，现将其中有代表性的方程及本书提出的方程列于表 3-10，并将其对应的应力-应变曲线绘于图 3-15，原表达式使用的符号各不相同。为了便于对比分析，表 3-10 中符号转化为统一形式，式中 $x = \dfrac{\varepsilon}{\varepsilon_0}$，$y = \dfrac{\sigma}{f_m}$。

表 3-10　砌体受压本构关系表达式

出处	类型	编号	表达式
本书	对数型	①	$y = 1 - e^{-300\varepsilon_0 x \sqrt{f_m}}$
本书	多项式型	②	$y = 2x - x^2 \quad 0 \leqslant x \leqslant 1$ $y = 1.2 - 0.2x \quad 1 \leqslant x \leqslant 1.6$
Krishna Naraine、Sachchidanand Sinha[42]	指数函数型	③	$y = xe^{(1-x)}$
朱伯龙[31]	两段式	④	$y = \dfrac{x}{0.2 + 0.8x} \quad x \leqslant 1$ $y = 1.2 - 0.2x \quad x \geqslant 1$

续表

出处	类型	编号	表达式
庄一舟[32]	两段式	⑤	$y=\dfrac{1.52x-0.279x^2}{1-0.483x+0.724x^2} \quad x\leqslant 1$ $y=\dfrac{3.4x-1.13x^2}{1+1.4x-0.13x^2} \quad x\geqslant 1$
Turnsek 和 Cacovic[23]	幂函数型	⑥	$y=6.4x-5.4x^{1.17}$

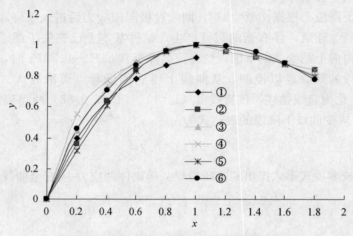

图 3-15　砌体单轴受压应力-应变曲线的比较

由图 3-15 可见，砌体单轴受压应力-应变曲线②、③、⑤、⑥相差很小，①、④与其他曲线相差较大。由于模型②形式简单，且其计算值与试验值吻合较好，而且与其他模型曲线保持一致，所以蒸压粉煤灰砖砌体的本构模型采用式（3-65）。

3.8　弹　性　模　量

砌体弹性模量是砌体的基本力学性能指标，是砌体结构进行设计计算、变形分析以及有限元分析时不可缺少的参量。变形模量可由砌体受压应力-应变曲线上各点的应力与其应变之比来表示，其是衡量一种材料抵抗变形能力的一个物理量[49]。

3.8.1　弹性模量实测值

根据《砌体基本力学性能试验方法标准》（GB/T 50129—2011），砌体的弹性模量应根据应力与轴向应变的关系曲线，取 $\sigma=0.4f_m$ 时的割线模量作为该砌体的弹性模量，其表达式如下：

$$E=\frac{0.4f_{c,m}}{\varepsilon_{0.4}}$$ （3-66）

其中，E 为试件的弹性模量，MPa；$\varepsilon_{0.4}$ 为对应于 $0.4f_{c,m}$ 时的轴向应变值。

采用 3.7.3（1）节处理后的应力-应变曲线得到实测弹性模量见表 3-11。

表 3-11　实测弹性模量

砂浆	蒸压粉煤灰实心砖/MPa	烧结黏土砖/MPa	蒸压粉煤灰多孔砖/MPa
M7.5	5496	5851	2965
M10	5158	—	3610
M15	5101	—	3697
M20	6942	7809	3506
M15 专用砂浆	5547	6476	2803

表 3-11 试验结果表明：蒸压粉煤灰砖砌体的弹性模量较烧结黏土砖砌体小，前者约为后者的 68%。其中蒸压粉煤灰实心砖砌体为其 89%，多孔砖为其 46%。

3.8.2　弹性模量设计指标

《砌体结构设计规范》（GB 50003—2011）给出的蒸压粉煤灰砖砌体弹性模量计算公式如下：

当 $M \geqslant 5.0$MPa 时，

$$E=1060f$$ （3-67）

式中，f 为砌体强度设计值，根据文献［26］有：

$$f_k=f_m-1.645\sigma_f=f_m(1-1.645\delta_f)$$ （3-68）

$$f=f_k/r_f$$ （3-69）

其中，f_m 为砌体抗压强度实测值的平均值，MPa；f_k 为砌体抗压强度的标准值，MPa；δ_f 砌体抗压强度变异系数，取 $\delta_f=0.17$；γ_f 为砌体结构的材料分项系数，取 $\gamma_f=1.6$。所以：

$$f=0.45f_m$$ （3-70）

由式（3-67）～式（3-71）计算得抗压强度设计值 f 和按规范公式计算得到的弹性模量值 E^c，列入表 3-12，与弹性模量实测值 E^t 进行比较。

从表 3-12 中数据可见，实测值均高于规范公式计算值。这样，规范公式就高估了蒸压粉煤灰砖砌体的变形能力，将造成高估挠曲构件受压状态下的弯矩承载力，偏于不安全。因此，结合本次试验结果，运用 Excel 绘制弹性模量的实测值及规范公式计算值的对比曲线，并对实测值进行拟合，得

到实测 E^t 与砌体抗压强度 f 的关系方程，如图 3-16 所示。根据拟合方程对公式（3-67）进行修正，得到蒸压粉煤灰实心砖砌体弹性模量的计算公式为：

$$E = 1400f \tag{3-71}$$

蒸压粉煤灰多孔砖砌体弹性模量的计算公式为：

$$E = 1300f \tag{3-72}$$

表 3-12 弹性模量实测值与规范公式计算值的比较

砖	f_2/MPa	f_1/MPa	f/MPa	E^c/MPa	E^t/MPa	E^x/MPa	E^t/E^c	E^t/E^x
蒸压粉煤灰实心砖	9.26	16.77	3.83	4059	5496	5096	1.35	1.08
	13.69	16.77	3.81	4035	5158	5334	1.28	0.97
	19.75	16.77	4.05	4298	5101	5362	1.19	0.95
	23.94	16.77	3.86	4093	6942	5404	1.70	1.28
	18.67（专用）	16.77	3.94	4176	5547	5670	1.33	0.98
平均值							1.37	1.05
蒸压粉煤灰多孔砖	9.26	10.46	2.55	2700	2965	3315	1.10	0.89
	13.69	10.46	2.48	2633	3610	3224	1.37	1.12
	19.75	10.46	2.63	2786	3697	3419	1.33	1.08
	23.94	10.46	2.72	2886	3506	3536	1.21	0.99
	18.67（专用）	10.46	2.57	2724	2803	3341	1.03	0.84
平均值							1.21	0.98

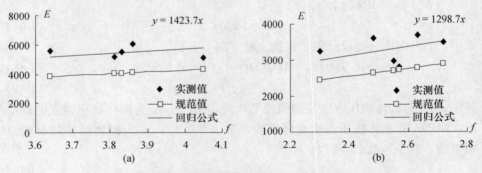

图 3-16 弹性模量实测值与计算值的比较
（a）蒸压粉煤灰实心砖砌体；（b）蒸压粉煤灰多孔砖砌体

将实测的蒸压粉煤灰砖砌体的弹性模量值以及和按公式（3-71）、式（3-72）计算得到的相应结果 E^x 列于表 3-12 中。从表 3-12 中也可以看到，式（3-71）、式（3-72）计算结果较规范公式计算值更接近试验实测值。蒸压粉煤灰实心砖砌体弹性模量回归公式计算值与实测值平均比值为 1.05，标准差为 0.137；

多孔砖砌体比值为 0.98，标准差为 0.120。图 3-16 更直观地反映了实测弹性模量与规范公式计算值及回归公式计算值的比较。

3.8.3　加载过程中弹性模量的变化规律

由于砖内存在初始微裂缝以及材料内部构成等复杂因素，砌体的应力-应变曲线在较小荷载作用下即具有较明显的非线性。砌体弹性模量随荷载的变化曲线如图 3-17 所示。曲线显示弹性模量随荷载增大有明显降低。

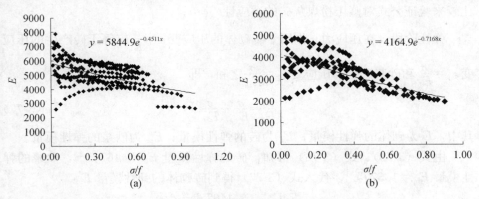

图 3-17　E-σ/f 变化趋势回归曲线
（a）蒸压粉煤灰实心砖砌体；（b）蒸压粉煤灰多孔砖砌体

从砌体的 $E-\sigma/f$ 曲线非线性回归得出蒸压粉煤灰实心砖砌体弹性模量随荷载的变化规律为：

$$E=5845e^{-0.45\sigma/f} \tag{3-73}$$

当 $\sigma/f=0.4$ 时，$E=4882$。与试验平均值 5648 的比值为 0.86。

得出蒸压粉煤灰多孔砖砌体弹性模量随荷载的变化规律为：

$$E=4165e^{-0.72\sigma/f} \tag{3-74}$$

当 $\sigma/f=0.4$ 时，$E=3122$。与试验平均值 3316 的比值为 0.94。

3.8.4　蒸压粉煤灰砖和砂浆弹性模量取值

在对组成砖砌体内的各个组成部分做进一步受力研究分析时，需分别给出块体和砂浆的弹性模量取值，将砖与砂浆层分开考虑。因此，确定砖与砂浆的弹性模量是十分必要的。

文献 ［23］根据试验资料研究发现：砖的弹性模量（E_b）主要受其抗压强度（f_1）影响，且随砖抗压强度增加而增大。经数据统计回归得出砖弹性模量计算表达式：

$$E_b = 4467 f_1^{0.22} \tag{3-75}$$

其中，f_1 为砖抗压强度平均值。

文献［23］亦经过数理统计回归得出砂浆弹性模量 E_m 表达式：

$$E_m = 1057 f_2^{0.84} \tag{3-76}$$

其中，f_2 为砂浆抗压强度平均值。

将试验实测蒸压粉煤灰砖抗压强度平均值 f_1 代入式（3-75）确定 E_b，实测 f_2 代入式（3-76）确定 E_m，并用 E_b、E_m 计算砌体弹性模量与试验实测值比较来验证公式对蒸压粉煤灰砖的适应性。

弹性阶段，在压应力 σ 作用下砖砌体的压应变 $\varepsilon = \dfrac{\sigma}{E}$ 应等于砖产生的压应变 $\varepsilon_1 = \dfrac{\sigma}{E_b}$ 和砂浆产生的压应变 $\varepsilon_2 = \dfrac{\sigma}{E_m}$ 之和，即

$$\frac{\sigma}{E} = \frac{\sigma}{E_b} + \frac{\sigma}{E_m} \tag{3-77}$$

其中，E 为砌体的弹性模量；E_b 为砖的弹性模量；E_m 为砂浆的弹性模量。

由式（3-75）、式（3-76）可知，砖的弹性模量 $E_b = 4467 f_1^{0.22}$，砂浆的弹性模量 $E_m = 1057 f_2^{0.84}$，代入式（3-77）得到砖砌体的弹性模量 E'：

$$E' = \frac{E_b E_m}{E_b + E_m} = \frac{4467 f_1^{0.22} f_2^{0.84}}{3.226 f_1^{0.22} + f_2^{0.84}} \tag{3-78}$$

按式（3-78）确定的砖砌体弹性模量 E' 与实测砖砌体弹性模量 E^t 进行比较，见表 3-13。

由表 3-13 可见，E^t/E' 的平均值为 0.98，标准差为 0.28，变异系数为 0.28。公式（3-75）、式（3-76）与试验结果吻合较好，适用于蒸压粉煤灰砖砌体中砖和砂浆的弹性模量计算。

表 3-13　砖与砂浆弹性模量实测值与回归公式计算值的比较

f_2^t/MPa	f_1^t/MPa	E_b/MPa	E_m/MPa	E^t/MPa	E'/MPa	E^t/E'	$\overline{E^t/E'}$
9.26	16.77	8309	6855	5496	3793	1.46	
13.69	16.77	8309	9520	5158	4956	1.16	
18.67	16.77	8309	12355	5547	5427	1.12	
19.75	16.77	8309	12952	5101	5332	1.01	
23.94	16.77	8309	15224	6942	5490	1.29	
9.26	10.46	7487	6855	2965	3843	0.83	0.98
13.69	10.46	7487	9520	3610	4158	0.86	
18.67	10.46	7487	12355	2803	4012	0.60	
19.75	10.46	7487	12952	3697	4575	0.78	
23.94	10.46	7487	15224	3506	5473	0.70	

3.9　泊　松　比

砌体受压时，其横向应变与纵向应变的比值称为泊松比 ν。砌体为弹塑性材料，所以随着应力的增大，其泊松比为变值。

3.9.1　泊松比实测值

根据标准 [11]，在逐级荷载下，将试件的横向变形值、纵向变形值分别除以两测点间的距离，即为横向应变值、纵向应变值。逐级荷载下对应的泊松比 ν 根据式（4-79）计算：

$$\nu = \varepsilon_{tr} / \varepsilon \tag{3-79}$$

其中，ε_{tr} 为逐级荷载下的横向应变值；ε 为逐级荷载下的轴向应变值。

取 $\sigma = 0.4 f_m$ 时的泊松比作为试件的泊松比值，泊松比实测值见表 3-14。

表 3-14　泊松比实测值

f_2/MPa	ν				
	蒸压粉煤灰实心砖砌体		蒸压粉煤灰多孔砖砌体	烧结黏土砖砌体	
9.26	0.06	0.18	0.21	0.09	0.14
13.69	0.14	0.08	—	0.1	
19.75	0.15	0.08	0.12	0.06	0.08
23.94	0.12	0.17	—	0.07	0.1
18.67 专用	0.08	0.14	0.1	0.13	0.14
$\bar{\nu}$	0.13		0.09	0.12	
标准差	0.045		0.027	0.030	
变异系数	0.36		0.30	0.26	

由表 3-14 数据统计分析，蒸压粉煤灰多孔砖砌体试件的泊松比的变异系数为 0.3，粉煤灰实心砖砌体试件的为 0.36，前者的离散性比后者的小。这是因为多孔砖的水平灰缝少，变形小的缘故。由表 3-14 取平均值得：蒸压粉煤灰实心砖 $\bar{\nu} = 0.13$，蒸压粉煤灰多孔砖 $\bar{\nu} = 0.09$。

3.9.2　与国内外研究结果对比分析

四川省建筑科学研究所侯汝欣等对 4 批 18 个砖砌体进行试验，并对试验资料统计分析，得出砖砌体泊松比可按式（4-80）计算[31]：

$$\nu = 0.3 \left(\frac{\sigma}{f_m} \right)^4 e^{\frac{\sigma}{2 f_m}} + 0.14 \tag{3-80}$$

砌体在正常使用阶段，当 $\sigma = 0.43f_m$ 时，以上 4 批砌体泊松比试验平均值为 0.154，变异系数为 0.229。

国内对砖砌体泊松比的研究[43]主要还有：南京新宁砖瓦厂对 21 个多孔砖砌体进行试验，得出泊松比试验平均值为 0.16；中国科学院工程力学研究所通过试验，得出 6 个砖砌体泊松比试验平均值为 0.147[43]；辽宁省建筑科学研究所对 6 个砖砌体进行试验，得出其泊松比试验平均值为 0.14；中国科学院工程力学研究所试验分别测得动载和静载下砖砌体泊松比为 0.144 和 0.147，可认为两者基本相等。国内的试验结果与 Grimm[16] 提出的砖砌体泊松比在 0.11～0.20 之间基本相符。

以上研究基本以烧结黏土砖为研究对象，而本书测得的蒸压粉煤灰砖砌体试验结果与 Grimm 提出的砖砌体的泊松比在 0.11～0.20 之间[16]及侯汝欣公式计算值[39]相比偏低。

3.9.3　泊松比设计指标

按照式（3-80）形式运用 Origin 科技作图与数据分析软件中的 User Definded 程序对泊松比实测值进行回归分析，回归曲线如图 3-18 所示。

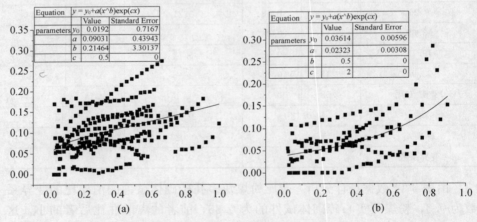

图 3-18　泊松比计算公式回归曲线

（a）蒸压粉煤灰实心砖砌体；（b）蒸压粉煤灰多孔砖砌体

由图 3-18 回归曲线及试验平均值综合分析，得到蒸压粉煤灰实心砖砌体的泊松比计算公式为：

$$\nu = 0.09 \left(\frac{\sigma}{f_m} \right)^{0.2} e^{\frac{\sigma}{2f_m}} + 0.04 \tag{3-81}$$

蒸压粉煤灰多孔砖砌体的泊松比计算公式为：

$$\nu = 0.02\left(\frac{\sigma}{f_{\mathrm{m}}}\right)^{0.5} e^{\frac{2\sigma}{f_{\mathrm{m}}}} + 0.06 \tag{3-82}$$

将 $\sigma = 0.4f_{\mathrm{m}}$ 分别代入式（3-81）、式（3-82），得蒸压粉煤灰实心砖砌体的泊松比计算值为 0.13，蒸压粉煤灰多孔砖砌体的泊松比计算值为 0.09，与试验值吻合。所以蒸压粉煤灰实心砖和多孔砖砌体的泊松比可分别按式（3-81）、式（3-82）计算。

第4章 偏心率对蒸压粉煤灰砖砌体受压性能的影响

4.1 引 言

砌体主要用作受压构件，而偏心受压是其主要的受力形式之一。本章为研究蒸压粉煤灰砖砌体偏心受压力学性能，对 52 个砌体试件进行偏心受压试验，研究了不同偏心距影响下试件的受力与变形性能及破坏过程等，记录其开裂荷载及截面在不同荷载作用下的应力分布，并与烧结黏土砖砌体的力学性能进行对比分析。

应用 ANSYS 有限元分析软件扩大参数对砌体偏心受压构件进行模拟，研究了不同偏心距对承载力的影响。分析给出了偏心距限值的取值；以平截面假定为前提，通过理论分析、砌体偏心受压试验数据和数值模拟结果，给出蒸压粉煤灰砖砌体的偏心影响系数及偏心受压承载力计算公式。

4.2 试 验 概 况

4.2.1 试件设计与制作

（1）试验用砖

试验选用的蒸压粉煤灰实心砖、多孔砖及烧结黏土砖与第 3 章轴心受压试验选材一致，其单砖抗压强度平均值分别为 16.77MPa、10.46MPa、19.72MPa。

（2）砌筑砂浆

试验采用设计强度为 M10 及 M15 的水泥石灰混合砂浆，与试件同期养护的采样砂浆采用同底试模实测抗压强度平均值分别为 13.69MPa 和 19.08MPa。

（3）试件设计

按照《砌体基本力学性能试验方法标准》（GB/T 50129—2011）中的规定，实心砖砌体试件外廓尺寸为 240mm×365mm×746mm，$\beta = 3.108 \approx 3$；多孔砖为 240mm×365mm×790mm，$\beta = 3.29 \approx 3$。上下顶面用 10mm 厚的水泥砂浆找平。试件采用标准试件，尺寸与第 3 章轴心受压一致，蒸压粉煤灰实心砖与烧结黏土砖如图 3-5 所示，多孔砖砌体试件如图 1-1 所示。实砌试件如图 4-1 所示。

图 4-1　实砌试件室外养护

偏心率 e/h 取值分别采用 0、0.1、0.2 和 0.3（e 为轴向力的偏心距；h 为矩形截面的轴向力偏心方向的边长）。共砌筑 52 个试件，试件分组见表 4-1。

表 4-1　偏压试验试件分组

e/h	蒸压粉煤灰实心砖		蒸压粉煤灰多孔砖		烧结黏土砖
	M10	M15	M10	M15	M15
0	B-1（3 个）	D-1（3 个）	B-3（3 个）	D-3（3 个）	D-2（1 个）
0.1	P1-B1（3 个）	P1-D1（3 个）	P1-B3（3 个）	P1-D3（3 个）	P1-D2（1 个）
0.2	P2-B1（3 个）	P2-D1（3 个）	P2-B3（3 个）	P2-D3（3 个）	P2-D2（1 个）
0.3	P3-B1（3 个）	P3-D1（3 个）	P3-B3（3 个）	P3-D3（3 个）	P3-D2（1 个）

4.2.2　试验装置及量测方法

加载设备：2000kN 微机屏显式液压压力机。

测试工具：应变片、钢尺、日本共和电业 UCAM-70A 多功能数据采集仪。

目前关于砌体偏心受压试验常采用两种方法：一种是在试件上下端均设置刀口铰，上下对称施加偏心荷载。其优点是各截面受力一致，与理论分析的计算简图比较一致[44-49]，便于理论分析。另一种是仅通过试件上端的刀口铰支座来直接施加偏心荷载，而试件下不设铰支座。此法的特点是加载装置简单，试件安装方便，但不便于理论分析。林文修、夏克勤在文献《砌体的偏心受压试验》中对这两种试验方法做出过比较，从两种方法的对比试验结果得出：上部偏心受压砌体的开裂强度和破坏强度分别为上下偏心受压砌体的 1.16 倍和 1.08 倍。即上部偏心受压砌体的开裂及破坏荷载略高于上下偏心受压砌体，但没有显著性差异[49]。为便于与理论分析结果进行对比，试验采用第一种方法。试验装置如图4-2所示。

数据采集与记录：试验过程采集的试件开裂荷载、破坏荷载由屏显式压力机读取；应变片的变化由 UCAM-70A 读取；对试件的裂缝拍照记录。

4.2.3 试验步骤

（1）预估破坏荷载：根据测定的砖强度值和砂浆强度值来预测砌体的破坏荷载值。

（2）试件外观检查：如有碰损或损伤痕迹时，做下记录，并舍去破损严重的试件。

（3）试件尺寸测量：测量试件高度的 1/4、1/2 和 3/4 处的厚度和宽度，精度为 1mm，采用平均值。并在试件的宽侧面上分别标出 0.1h、0.2h、0.3h 的位置。

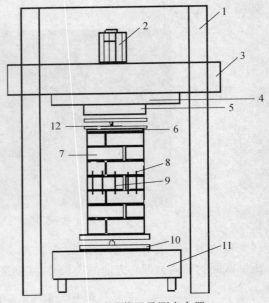

图 4-2　试验装置及测点布置
1—压力机钢架；2—升降电机；3—横梁；
4—压力机上压板；5—球铰；6—钢板；7—试件；
8、9—应变片；10—钢板；11—压力机下压板；
12—刀铰

（4）试件安装：将试验机的下压板上安装一个刀铰，再将钢板放在刀铰上，将试件吊起，置于钢板上，试件的窄侧面的竖向中线需在就位时对准试验机的轴线，宽侧面表有 0.1h、0.2h、0.3h 的位置分别与刀铰对齐，在试件上放一钢板，并在此钢板上安装一个刀铰，此刀铰连在压力机上压板上。

（5）测量装置的安装：在试件宽侧面的中间位置均匀布置 5 个应变片以测量不同级别荷载下中间截面的应变分布。应变片位置如图 4-2 所示。测点间的距离为 40mm。应变片上连接导线，将导线与 UCAM-70A 连接。对试件施加预估破坏的 5%，检查仪表的灵敏度和安装的牢固性。

（6）加载过程：对试件，采用几何对中、分级施加荷载方法。在预估破坏荷载值的 5% 至 20% 区间内，反复预压 3～5 次。预压后，卸荷，按《砌体基本力学性能试验方法标准》（GB/T 50129—2011）规定的施加荷载方法逐级加荷，每级的荷载为预估破坏荷载值的 10%，并在 1～1.5min 内均匀加完；恒荷 1～2min 后施加下一级荷载。恒荷期间读取荷载值并由 UCAM-70A 采集应变数据。施加荷载时，不得冲击试件。试验过程中观察和捕捉第一条受力的发丝裂缝，并记录开裂荷载值。观测并记录裂缝开展情况、变形情况。恒荷后，打开阀门继续施加下一级荷载。随着试件裂缝急剧扩展和增多，试验机显示的测力值开始回退时，最大荷载读数即为试件的破坏荷载值。

（7）砌体破坏后，立即绘制裂缝图，记录破坏特征并拍照。

4.3　试验结果分析

4.3.1　试验现象及破坏过程

（1）蒸压粉煤灰实心砖砌体试件受力破坏过程

试验观察到试件裂缝的开展规律和破坏现象主要与偏心距有关。

$e/h=0.1$ 时：加载过程中，5 个应变片读数的绝对值均在增加，但增加幅度不同，偏心方向的应变片读数增幅较大，另一端的应变片读数增幅较小，说明截面处在不均匀的压应力作用下；当加载至破坏荷载的 50% 左右时，通常在刀铰下方附近对应试件的位置出现第一条竖向裂缝；继续加载，裂缝不断出现、延伸并贯通，裂缝主要出现在试件的偏心方向一边。整体特征与轴心受压破坏情况十分类似。

$e/h=0.2$ 时：随着荷载的增加，远离刀铰一端的应变片读数为正，表明试件在远离刀铰的一端出现拉应力。其他应变片读数都为负，为压应力，且各个应变片的绝对值不同程度地有所增加。当荷载加至破坏荷载的 70% 左右时，一些试件是刀铰下方附近的宽面出现第一条竖向裂缝；继续加载，竖向裂缝亦不断增多，但是远离刀铰一侧的窄面上一直未有竖向裂缝出现；当荷载达到极限荷载时，竖向裂缝基本贯通。若未关闭油阀，部分试件在破坏的一瞬间在远离刀铰一侧的窄面上还出现了水平裂缝，这是由于压应力较大一侧的受压区突然压溃，改变了残余截面的形心线位置，荷载偏心距变大，远离刀铰一侧拉应力也增大所致。如图 4-3（a）所示。

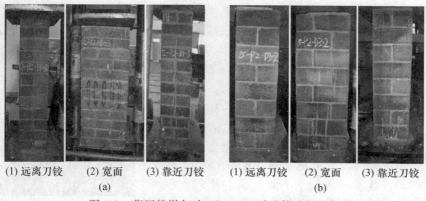

(1) 远离刀铰	(2) 宽面	(3) 靠近刀铰	(1) 远离刀铰	(2) 宽面	(3) 靠近刀铰
	(a)			(b)	

图 4-3　蒸压粉煤灰砖 $e/h=0.2$ 时试件破坏现象

（a）实心砖砌体试件；（b）多孔砖砌体试件

$e/h=0.3$ 时：随着荷载的增加，在远离刀铰一侧的两个应变片读数一直为正，即为拉应力，而靠近刀铰一侧的三个应变片的读数为负，随着荷载加至破坏荷载的 2/3 时，中间的应变片变为正值，表明大部分截面处于受拉状态；当荷载加至破坏荷载的 40%～80% 时，靠近刀铰支座一侧的窄面上出现竖向裂缝，继续加载，竖向裂缝变宽，并有新的竖向裂缝出现；当加载至临近破坏荷载时，靠近刀铰一侧的窄面上及位于刀铰下方附近的两宽面出现较多竖向裂缝；当加至破坏荷载时，试件底部小范围内有单块砖掉渣现象，若未关闭油阀，部分试件在破坏的一瞬间在远离刀铰一侧的窄面上出现水平裂缝。如图 4-4（a）所示。

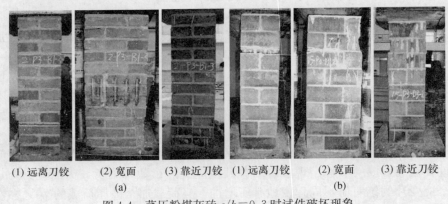

| (1) 远离刀铰 | (2) 宽面 | (3) 靠近刀铰 | (1) 远离刀铰 | (2) 宽面 | (3) 靠近刀铰 |

(a)　　　　　　　　　　　　　　(b)

图 4-4　蒸压粉煤灰砖 $e/h=0.3$ 时试件破坏现象
(a) 实心砖砌体试件；(b) 多孔砖砌体试件

（2）蒸压粉煤灰多孔砖砌体试件受力破坏过程

蒸压粉煤灰多孔砖砌体试件受力破坏过程与相应偏心距的实心砖砌体试件基本上相同，其不同之处为：开裂荷载与破坏荷载的比值较同等级实心砖要大。当偏心距较大时，试件破坏时靠近刀铰侧出现砖外壁剥离、向外鼓出的现象，而且当加载至极限荷载后，若未关闭油阀，少部分偏心距较大试件在破坏的一瞬间在远离刀铰一侧出现较宽水平裂缝，这是因为当压应力较大时，受压区突然压溃，残余截面的形心线发生改变，荷载偏心距增大，远离刀铰一侧拉应力也增大所致。如图 4-3（b）、图 4-4（b）所示。

（3）烧结黏土砖砌体试件受力破坏过程

烧结黏土砖砌体试件的破坏过程与相应偏心距的蒸压粉煤灰实心砖砌体试件的破坏过程大致相同，其不一致的地方是：偏心距较大的试件破坏时试件被裂缝明显分割成若干小柱体逐渐向外凸、脱落，如图 4-5 所示。

图 4-5　烧结黏土砖试件破坏形态

4.3.2　截面应变分布

根据应变片的读数得到试件在不同荷载级别下的截面应变变化，如图 4-6 所示。

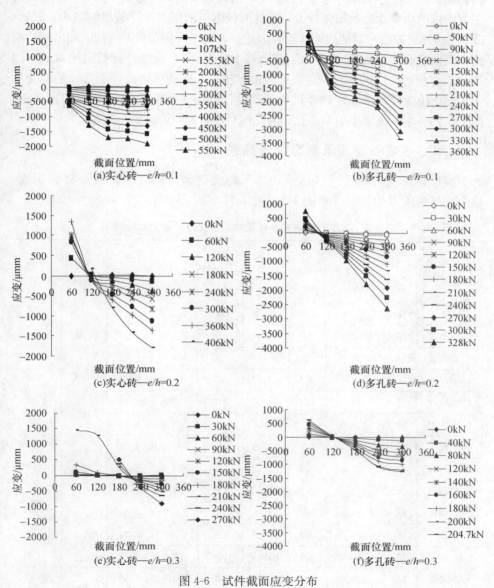

图 4-6　试件截面应变分布

根据砌体试件跨中截面上应变的试验数据可以看出：蒸压粉煤灰砖砌体在破坏之前，截面中的应变呈线性规律分布，能较好地符合平截面假定。

随着荷载偏心距的增大，远离荷载的截面边缘由受压而逐渐变为受拉。随着 e/h 的增大，试件受拉区的范围增大，受压区的范围减少。$e/h=0.1$ 时：加荷初期，5 个应变片的读数均为负，绝对值均在增加，但增幅不同，在靠近刀铰下方附近的应变片读数增幅较大，远离刀铰附近的应变片读数增幅最小；$e/h=0.2$ 时：远离刀铰一端的应变片读数为正，表明试件在远离刀铰的一端出现拉应力，其他应变片读数都为负，随着荷载的增加，各个应变片读数的绝对值不同程度地有所增大；$e/h=0.3$ 时：蒸压粉煤灰实心砖砌体试件处于受拉的应变片多于受压应变片，多孔砖砌体试件处于受拉的应变片也较 $e/h=0.2$ 时试件多，但未达到一半，主要原因是多孔砖的孔洞对砂浆的约束较实心砖高。

4.3.3 偏心受压承载力试验结果

蒸压粉煤灰实心砖、多孔砖砌体及黏土砖砌体的开裂荷载、破坏荷载、偏心抗压强度及平均值等见表 4-2～表 4-4。

表 4-2 蒸压粉煤灰实心砖砌体偏心受压承载力试验结果

试件编号	砖强度/MPa	砂浆强度/MPa	e/h	截面面积/mm²	开裂荷载/kN	破坏荷载/kN	抗压强度/MPa	变异系数	平均值/MPa
2-Y-B1-1	16.77	13.69	0	86632	440	757.0	8.74		
2-Y-B1-2	16.77	13.69	0	85794	159	713.5	8.32	0.032	8.46
2-Y-B1-3	16.77	13.69	0	86757	330	721.3	8.31		
2-P1-B1-1	16.77	13.69	0.1	85432	355	581.0	6.80		
2-P1-B1-2	16.77	13.69	0.1	86031	240	565.8	6.58	0.015	6.65
2-P1-B1-3	16.77	13.69	0.1	86156	63	567.0	6.58		
2-P2-B1-1	16.77	13.69	0.2	85320	252	411.4	4.82		
2-P2-B1-2	16.77	13.69	0.2	85918	180	454.5	5.29	0.063	4.96
2-P2-B1-3	16.77	13.69	0.2	85196	—	406.0	4.77		
2-P3-B1-1	16.77	13.69	0.3	85196	50	285.8	3.35		
2-P3-B1-2	16.77	13.69	0.3	85918	119	277.5	3.23	0.056	3.40
2-P3-B1-3	16.77	13.69	0.3	85668	130	309.1	3.61		
1-Y-D1-1	16.77	19.08	0	85794	342	720.0	7.23		
1-Y-D1-2	16.77	19.08	0	86518	820	743.0	10.90	0.025	8.58

续表

试件编号	砖强度/MPa	砂浆强度/MPa	e/h	截面面积/mm²	开裂荷载/kN	破坏荷载/kN	抗压强度/MPa	变异系数	平均值/MPa
1-Y-D1-3	16.77	19.08	0	86156	524	756.6	7.62	0.025	8.58
1-P1-D1-1	16.77	19.08	0.1	86156	—	587.6	6.82		
1-P1-D1-2	16.77	19.08	0.1	—	—	—	—	0.054	6.57
1-P1-D1-3	16.77	19.08	0.1	86156	53	544.6	6.32		
1-P2-D1-1	16.77	19.08	0.2	86518	260	432.0	4.99		
1-P2-D1-2	16.77	19.08	0.2	86632	170	471.3	5.44	0.061	5.11
1-P2-D1-3	16.77	19.08	0.2	85918	100	419.7	4.88		
1-P3-D1-1	16.77	19.08	0.3	86632	155	306.5	3.54		
1-P3-D1-2	16.77	19.08	0.3	—	—	—	—	0.146	3.22
1-P3-D1-3	16.77	19.08	0.3	85680	180	249.3	2.91		

表 4-3   烧结黏土砖砌体偏心受压承载力试验结果

试件编号	砖强度/MPa	砂浆强度/MPa	e/h	截面面积/mm²	开裂荷载/kN	破坏荷载/kN	抗压强度/MPa	平均值/MPa
8-Y-D2-1	19.72	19.08	0	85918	490.0	906.0	10.54	10.54
8-P1-D2-1	19.72	19.08	0.1	85320	623.0	714.0	8.37	8.37
8-P2-D2-1	19.72	19.08	0.2	85904	550.0	751.5	8.75	8.75
8-P3-D2-1	19.72	19.08	0.3	84960	368.0	439.2	5.17	5.17

表 4-4   蒸压粉煤灰多孔砖砌体偏心受压承载力试验结果

试件编号	砖强度/MPa	砂浆强度/MPa	e/h	截面面积/mm²	开裂荷载/kN	破坏荷载/kN	抗压强度/MPa	变异系数	平均值/MPa
17-Y-B3-1	10.46	13.69	0	87840	300.0	472.6	5.38		
17-Y-B3-2	10.46	13.69	0	87235	330.0	472.9	5.42	0.033	5.52
17-Y-B3-3	10.46	13.69	0	86632	280.5	499.9	5.77		
17-P1-B3-1	10.46	13.69	0.1	86632	300.0	451.7	5.21		
17-P1-B3-2	10.46	13.69	0.1	87235	283.0	367.4	4.21	0.128	4.53

续表

试件编号	砖强度/MPa	砂浆强度/MPa	e/h	截面面积/mm²	开裂荷载/kN	破坏荷载/kN	抗压强度/MPa	变异系数	平均值/MPa
17-P1-B3-3	10.46	13.69	0.1	87235	50.0	362.2	4.15	0.128	4.53
17-P2-B3-1	10.46	13.69	0.2	87235	150.0	256	2.93		
17-P2-B3-2	10.46	13.69	0.2	—	—	—	—	0.048	3.04
17-P2-B3-3	10.46	13.69	0.2	87235	133.0	274.0	3.14		
17-P3-B3-1	10.46	13.69	0.3	86996	195.0	205.8	2.37		
17-P3-B3-2	10.46	13.69	0.3	—	—	—	—	0.031	2.42
17-P3-B3-3	10.46	13.69	0.3	86996	153.0	215.1	2.47		
15-Y-D3-1	10.46	19.08	0	86394	500.0	524.4	6.07		
15-Y-D3-2	10.46	19.08	0	86996	450.0	500.0	5.75	0.051	6.05
15-Y-D3-3	10.46	19.08	0	87235	325.1	553.4	6.34		
15-P1-D3-1	10.46	19.08	0.1	86757	236.0	385.6	4.44		
15-P1-D3-2	10.46	19.08	0.1	86996	298.0	432.5	4.97	0.066	4.61
15-P1-D3-3	10.46	19.08	0.1	87600	60.0	387.9	4.43		
15-P2-D3-1	10.46	19.08	0.2	87235	114.9	274.2	3.14		
15-P2-D3-2	10.46	19.08	0.2	87108	—	344.0	3.95	0.116	3.62
15-P2-D3-3	10.46	19.08	0.2	87474	60.0	328.8	3.76		
15-P3-D3-1	10.46	19.08	0.3	86757	150.0	234.7	2.71		
15-P3-D3-2	10.46	19.08	0.3	87235	60.0	280.1	3.21	0.158	2.76
15-P3-D3-3	10.46	19.08	0.3	86757	133.0	204.7	2.36		

从试验数据可见，蒸压粉煤灰砖砌体的抗压强度随 e/h 值的增加而降低，且 e/h 每增加 0.1 抗压强度降低约 30%，即呈现线性降低。烧结黏土砖砌体试件的偏心受压承载力变化规律不明显，且有跳跃，主要由于烧结黏土砖每组只有一个试件用作与蒸压粉煤灰砖砌体试件对比，所以误差较大。

4.4 偏心影响系数分析

4.4.1 偏心影响系数理论分析

实测的砌体偏心影响系数 φ 由 N_e/N（N_e 为实测偏心受压承载力；N 为实测轴心受压承载力）计算得出[50]。

（1）基于试验

四川省建筑科学研究院基于对偏心受压短柱大量的试验，根据试验点的分布和回归得到：

$$\varphi_1 = 1/[1+12\,(e/h)^2] \tag{4-1}$$

此式被《砌体结构设计规范》（GB 50003—2011）所采用，但该公式是基于烧结黏土砖砌体的试验数据为主的经验公式。由表 4-5、表 4-6 可知，实测值与按砌体结构设计规范公式计算的值相近但偏小，这样规范公式就过高估计了蒸压粉煤灰砖砌体的承载力，造成不安全。因此从试验数据上看，规范公式不适合蒸压粉煤灰砖砌体的偏心受压承载力的计算。

表 4-5　蒸压粉煤灰实心砖砌体偏心影响系数对比

砂浆强度/MPa	e/h	$\bar{N}/$MPa	$N_C/$MPa	$N_5/$MPa	$N_6/$MPa	$\overline{\varphi_m}$	φ_C	φ_5	φ_6	$\overline{\varphi_m}/\varphi_C$	$\overline{\varphi_m}/\varphi_6$
13.69	0	730.60	730.60	730.60	730.60	1.00	1.00	1.00	1.00	1.00	1.00
13.69	0.1	571.29	650.23	635.62	577.17	0.77	0.89	0.87	0.79	0.88	0.99
13.69	0.2	423.97	496.81	460.28	423.75	0.57	0.68	0.63	0.58	0.85	1.08
13.69	0.3	290.80	350.69	314.16	270.32	0.39	0.48	0.43	0.37	0.83	1.08
19.08	0	739.87	739.87	739.87	739.87	1.00	1.00	1.00	1.00	1.00	1.00
19.08	0.1	566.10	658.48	643.69	584.50	0.76	0.89	0.87	0.79	0.86	0.97
19.08	0.2	441.00	503.11	466.12	429.12	0.59	0.68	0.63	0.58	0.85	1.03
19.08	0.3	277.90	355.14	318.14	273.75	0.38	0.48	0.43	0.37	0.78	1.02
平均值										0.88	1.01

注：表中 $\bar{N}$ 为实测平均值；N_C 为规范公式计算值；$\overline{\varphi_m}$ 为实测偏心影响系数平均值；φ_5 与 N_5 为回归公式（4-14）计算值；φ_6 与 N_6 为回归公式（4-15）计算值。

表 4-6　蒸压粉煤灰多孔砖砌体偏心影响系数对比

砂浆强度/MPa	e/h	$\bar{N}/$MPa	$N_C/$MPa	$N_7/$MPa	$N_8/$MPa	$\overline{\varphi_m}$	φ_C	φ_7	φ_8	$\overline{\varphi_m}/\varphi_C$	$\overline{\varphi_m}/\varphi_7$
13.69	0	481.80	481.80	481.80	481.80	1.00	1.00	1.00	1.00	1.00	1.00
13.69	0.1	393.77	428.80	370.99	385.44	0.82	0.89	0.77	0.80	0.92	1.06
13.69	0.2	265.00	327.62	279.44	289.08	0.55	0.68	0.58	0.60	0.81	0.95
13.69	0.3	210.45	231.26	211.99	192.72	0.44	0.48	0.44	0.40	0.91	1.00
19.08	0	525.93	525.90	525.90	525.90	1.00	1.00	1.00	1.00	1.00	1.00
19.08	0.1	402.00	468.05	404.94	420.72	0.76	0.89	0.77	0.80	0.86	0.99

砂浆强度/MPa	e/h	$\overline{N}$/MPa	N_C/MPa	N_7/MPa	N_8/MPa	$\overline{\varphi_m}$	φ_C	φ_7	φ_8	$\overline{\varphi_m}/\varphi_C$	$\overline{\varphi_m}/\varphi_7$
19.08	0.2	315.67	357.61	305.02	315.54	0.60	0.68	0.58	0.60	0.88	1.03
19.08	0.3	239.83	252.43	231.40	210.36	0.46	0.48	0.44	0.40	0.95	1.04
平均值										0.91	1.01

注：表中 $\overline{N}$ 为实测平均值；N_C 为规范公式计算值；$\overline{\varphi_m}$ 为实测偏心影响系数平均值；φ_7 与 N_7 为回归公式（4-16）计算值；φ_8 与 N_8 为回归公式（4-17）计算值。

（2）基于应力图为直线分布的假定

根据这个假定，如图 4-7（a）所示，得

$$\sigma_2 = \frac{N}{A} + \frac{Ne_0 \cdot e_0}{I} \leqslant f \tag{4-2}$$

转换为：

$$N \leqslant \frac{1}{1 + \frac{e_0^2}{i^2}} Af = \varphi_2 Af \tag{4-3}$$

此式中 φ_2 简化后与 φ_1 表达式相同。众所周知，砌体很难承受法向拉力，如拉区应力退出工作，压区应力势必重新分布，应力图也可能为曲线，所以此式只适用于未出现拉裂缝的计算。

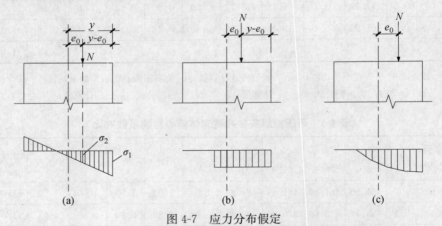

图 4-7　应力分布假定

（a）应力三角形分布；（b）应力矩形分布；（c）应力曲线分布

（3）基于受压区应力图视为矩形的假定

假设受拉区退出工作，如图 4-7（b）所示。根据力的平衡：

$$N=2(y-e_0)bf=2(0.5h-e_0)bf=\left(1-2\frac{e_0}{h}\right)Af=\varphi_3 Af \qquad (4\text{-}4)$$

于是：

$$\varphi_3=1-2e/h \qquad (4\text{-}5)$$

φ_3 被英国规范所采用[50]。

（4）根据砌体的应力-应变关系

根据蒸压粉煤灰砖砌体试件跨中截面上应变的试验数据可以看出：在破坏之前，截面中的应变呈线性规律分布，能较好地符合平截面假定。另外，由于砌体的抗拉强度很低，一旦出现开裂，水平裂缝部分即退出工作，所以忽略砌体抗拉强度。假定截面上的应力分布与轴心受压的应力-应变曲线相对应。由于偏心受压截面上的应力变化梯度大，在极限状态时的塑性发展大于轴心受压情况，因此偏心受压的应力-应变曲线由轴心受压的应力-应变曲线代替是偏于安全的[24]，如图 4-7（c）所示。

应力-应变曲线取本书第 3 章的研究结果：

$$\begin{cases} \dfrac{\sigma}{f_{\mathrm{m}}}=2\left(\dfrac{\varepsilon}{\varepsilon_0}\right)-\left(\dfrac{\varepsilon}{\varepsilon_0}\right)^2 & 0\leqslant\dfrac{\varepsilon}{\varepsilon_0}\leqslant1 \\[3mm] \dfrac{\sigma}{f_{\mathrm{m}}}=1.2-0.2\dfrac{\varepsilon}{\varepsilon_0} & 1\leqslant\dfrac{\varepsilon}{\varepsilon_0}\leqslant\varepsilon_{\mathrm{u}} \end{cases} \qquad (4\text{-}6)$$

其中，$\varepsilon_{\mathrm{u}}/\varepsilon_0$ 取 1.6。

根据以上条件，截面上的应变和应力分布如图 4-8 所示，可以得出：

$$\frac{\varepsilon_0}{\varepsilon_{\mathrm{u}}}=\frac{x_0}{x_{\mathrm{u}}}=0.625 \qquad (4\text{-}7)$$

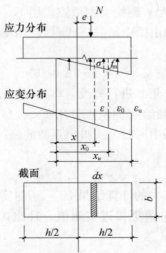

图 4-8　应力曲线分布截面分析

由式（4-6）、式（4-7），根据截面的静力平衡条件，可得：

$$N = \int_0^{x_0} f_m \left[2\left(\frac{\varepsilon}{\varepsilon_0}\right) - \left(\frac{\varepsilon}{\varepsilon_0}\right)^2 \right] b \mathrm{d}x + \int_{x_0}^{x_u} f_m \left(1.2 - 0.2\frac{\varepsilon}{\varepsilon_0}\right) b \mathrm{d}x \tag{4-8}$$

$$N\left(\frac{h}{2} + e\right) = \int_0^{x_0} f_m \left[2\left(\frac{\varepsilon}{\varepsilon_0}\right) - \left(\frac{\varepsilon}{\varepsilon_0}\right)^2 \right] b(h - x_u + x) \mathrm{d}x +$$

$$\int_{x_0}^{x_u} f_m \left(1.2 - 0.2\frac{\varepsilon}{\varepsilon_0}\right) b(h - x_u + x_0 + x) \mathrm{d}x \tag{4-9}$$

联立求解式（4-7）～式（4-9），得：

$$N = 0.88 f_m b x_u \tag{4-10}$$

$$x_u = 1.5679h\left(1 - \frac{2e}{h}\right) \tag{4-11}$$

$$N = \left(1.3798 - 2.7596\frac{e}{h}\right) f_m A = \varphi_4 f_m A \tag{4-12}$$

于是：

$$\varphi_4 = 1.3798 - 2.7596\frac{e}{h} \approx 1 - 2e/h \tag{4-13}$$

4.4.2　偏心影响系数回归分析

以理论方程（4-1）、（4-5）、（4-13）形式为基础，代入试验值，对理论方程中的系数进行回归修正，得出适合蒸压粉煤灰砖砌体短柱的偏心影响系数公式。

（1）对于蒸压粉煤灰实心砖砌体

首先按式（4-1）形式进行修改，将式（4-1）转换为 $1/\varphi - 1 = 12\,(e/h)^2$，以 $1/\varphi - 1$ 为 y 轴，e/h 为 x 轴绘实测值点。用 Excel 作出回归曲线及回归公式，如图 4-9（a）所示，由图中回归公式对式（4-1）中的系数进行修正，得出偏心影响系数公式为：

$$\varphi_5 = 1/[1 + 15\,(e/h)^2] \tag{4-14}$$

按式（4-5）、（4-13）形式进行修改，将式（4-5）转换为 $1 - \varphi = 2e/h$，以 $1 - \varphi$ 为 y 轴，e/h 为 x 轴绘实测值点。用 Excel 作出回归曲线及回归公式，如图 4-9（b）所示，由图中回归公式得出系数的修订值约等于 2.1，于是得到偏心影响系数公式为：

$$\varphi_6 = 1 - 2.1e/h \tag{4-15}$$

式（4-14）、式（4-15）的计算结果 φ_5、φ_6 与实测值比较见表 4-5。由表 4-5 可知式（4-15）计算 φ 值更接近实测值，且比式（4-1）、式（4-14）计算结果更为安全。

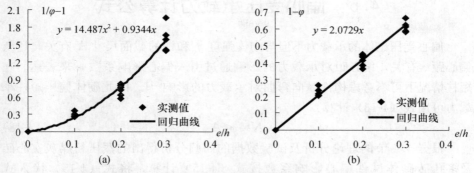

图 4-9 蒸压粉煤灰实心砖砌体偏心影响系数回归曲线

（2）对于蒸压粉煤灰多孔砖砌体

按式（4-1）形式进行修改，用 Excel 作出回归曲线及回归公式，如图 4-10（a）所示，由图中回归公式对式（4-1）中的系数进行修正，得出偏心影响系数公式为：

$$\varphi_7 = 1/[1+6.35(e/h)^2+2.3(e/h)] \tag{4-16}$$

按式（4-5）、式（4-13）形式进行修改，用 Excel 作出回归曲线及回归公式，如图 4-10（b）所示，由图中回归公式得出系数的修订值约等于 2，于是得到偏心影响系数公式为：

$$\varphi_8 = 1-2e/h \tag{4-17}$$

式（4-16）、式（4-17）计算结果 φ_7、φ_8 与实测值比较见表 4-6。由表 4-6 可知，式（4-16）计算 φ 值更接近实测值，且比式（4-1）、式（4-17）计算结果更为安全。

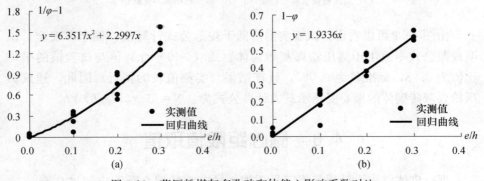

图 4-10 蒸压粉煤灰多孔砖砌体偏心影响系数对比

4.5　偏心受压承载力计算公式

偏心受压砌体的承载力不但与砌体强度 f 和柱的截面尺寸 A 有关，还与偏心距 e 有关，偏心距对承载力的影响通过引入偏心影响系数 φ 来表达。在短柱情况下可不考虑构件纵向弯曲对承载力的影响[51]。因此砌体偏压短柱承载力可用式（4-18）计算：

$$N = \varphi f A \tag{4-18}$$

根据 4.4 节的理论分析及试验数据的回归分析得出的蒸压粉煤灰实心砖及多孔砖砌体试件偏心影响系数按式（4-15）计算，将式（4-15）代入式（4-18）中得到蒸压粉煤灰实心砖及多孔砖砌体的偏心受压承载力计算公式：

$$N = (1 - 2.1e/h)fA \tag{4-19}$$

回归公式计算结果和实测值对比曲线如图 4-11 所示。

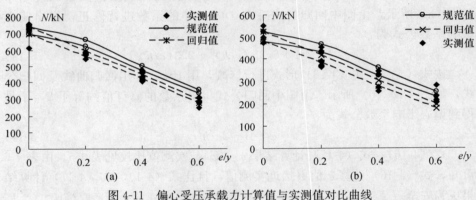

图 4-11　偏心受压承载力计算值与实测值对比曲线
（a）蒸压粉煤灰实心砖砌体；（b）蒸压粉煤灰多孔砖砌体

由图 4-11 可以看出，试验实测值低于规范公式计算值，偏于不安全，说明规范公式不适用于蒸压粉煤灰砖砌体。式（4-19）计算值与试验值的平均比值为 0.98，标准差为 0.065，计算结果与实测值较为接近。因此，建议蒸压粉煤灰砖砌体的偏心受压承载力计算公式为：$N = (1 - 2.1e/h)Af$。

4.6　偏心距限值取值

现行砌体结构设计规范规定受压构件轴向力的偏心距不应超过 $0.6y$，这主要是从防止砌体产生水平裂缝的角度考虑的。由于荷载偏心距较大的构件，截面受拉边的拉应力很易超过砌体的弯曲抗拉强度，产生水平裂缝。此时不但截面受压区减小、构件刚度降低、纵向弯曲的不利影响增大，从而降低砌体的承载力，而且一旦水平裂缝过度、过快发展，构件很容易产生脆性断裂、倒塌。因此，当荷载偏心率很大时，不但构件承载力低，而且也很不安全。此时如采用控制截面受拉边缘应力的方法来进行设计，往往需要选用较大尺寸的截面，显然这是不经济的。为了提高砌体结构的可靠度，确保无筋砌体受压构件的正常使用性能，现行砌体结构设计规范对偏心距 e 的限值做出了较严的控制[50,52-53]。规范［19］规定偏心距 e 不应超过 $0.7y$，且轴向力的偏心距按荷载标准值计算。在承载力极限状态设计中，荷载效应都用设计值，单是偏心距规定用标准值不符合逻辑，且设计人员在设计时不方便。研究表明[54]，如果偏心距由荷载标准值计算改为设计值则在常用范围内其承载力的降低不超过 6％，可靠指标的降低不超过 5.5％，考虑到规范 GB 50003—2001 可靠度水平已经提高，而且对偏心距限值更严（$e \leqslant 0.6y$），将轴向力偏心距按荷载设计值计算，减少设计工作量[54]。

从模拟和试验现象及结果研究发现：随着 e/y 增大到 0.6，蒸压粉煤灰砖砌体的承载力基本呈线性递减，没有出现突变；各组试验试件极限承载力的变异系数小于 0.16，平均值为 0.061，说明试验结果正常、数据可靠；而且试件在加载过程中以竖向裂缝为主，基本未出现水平裂缝。因此建议蒸压粉煤灰砖受压构件的偏心距限值为 $0.6y$。

第 5 章 高厚比对蒸压粉煤灰砖砌体长柱受压性能的影响

5.1 引 言

为研究高厚比对蒸压粉煤灰实心砖和多孔砖砌体长柱受压性能的影响，对不同高厚比的 21 个砌体长柱试件进行轴心受压试验，其中最大高厚比取 18，试件高度达到 4.4m，这在国内外无筋砌体柱研究中甚少。本次试验为蒸压粉煤灰砖无筋砌体长柱的研究提供了可靠的试验依据。通过试验了解砌体轴心受压长柱的破坏过程以及高厚比对承载力影响的变化规律；研究荷载-挠度曲线、荷载-轴向压缩曲线、应力-应变曲线的开展规律；其次将蒸压粉煤灰砖长柱的力学性能与烧结黏土砖长柱的力学性能进行对比分析；将试验数据与规范公式计算值进行对比，给出蒸压粉煤灰砖砌体长柱轴心受压承载力的计算公式。

5.2 试 验 概 况

5.2.1 试件设计与制作

（1）试验用砖

试验选用的蒸压粉煤灰实心砖、多孔砖及烧结黏土砖与第 3 章标准试件轴心受压试验选材一致，单砖抗压强度平均值分别为 16.77MPa、10.46MPa、19.72MPa。

（2）砌筑砂浆

试验采用设计强度等级为 M15 的水泥石灰混合砂浆，采样砂浆用同底试模的实测抗压强度平均值为 16.63MPa；采用烧结黏土砖底试模的采样砂浆实测抗压强度平均值为 17.30MPa；采用钢底试模的采样砂浆实测抗压强度平均值为 13.81MPa。

（3）试件设计

共砌筑 21 个试件。试件设计截面尺寸为 240mm×370mm，设计时变化的主要参数为高厚比 β，β 用柱的计算高度 H_0 与矩形柱截面的边长（应

取 H_0 相对应方向的边长）的比值表示。试验试件 β 取值分别为 6、12 和 18，对应蒸压粉煤灰实心砖及烧结黏土砖砌体试件的高分别为 1460mm、2875mm、4365mm；蒸压粉煤灰多孔砖砌体试件的高分别为 1400mm、2885mm、4385mm。砌筑的试件如图 5-1 所示。试件分组及编号情况见表 5-1。

　　砌体试件由 1 名熟练瓦工砌筑，施工质量控制等级达到 B 级。同时进行砂浆试块采样。试件与采样砂浆试块在同样环境下养护 28d 以上，然后同时进行试件及砂浆试块的抗压强度试验。为了便于吊装，试件直接砌筑在钢板上，且上下顶面用 10mm 厚的水泥砂浆找平。

表 5-1　砌体长柱轴心受压试件分组

β	蒸压粉煤灰实心砖		蒸压粉煤灰多孔砖		烧结黏土砖	
	编号	高度/mm	编号	高度/mm	编号	高度/mm
6	A-1～A-3（3 个）	1460	D-1～D-3（3 个）	1400	G（1 个）	1460
12	B-1～B-3（3 个）	2875	E-1～E-3（3 个）	2885	H（1 个）	2875
18	C-1～C-3（3 个）	4365	F-1～F-3（3 个）	4385	I（1 个）	4365

图 5-1　砌筑试件

图 5-2　试件的吊装

5.2.2　试验装置

　　加载设备：5000kN 长柱压力试验机。

　　测试工具：应变片、百分表、钢尺、日本共和电业 UCAM-70A 多功能数据采集仪、INV-306 智能信号采集处理分析仪。

　　为了避免应力集中及局部受压破坏，上下均加设刚性垫板。

5.2.3　加载方案及量测方法

（1）试件安装

由于试件较高，在吊装时为了防止在吊装过程中试件遭到破坏，事先在试件外焊上钢筋笼，钢筋笼直接焊在试件底部的钢板上。用吊车将钢筋笼吊起，试件的吊装如图 5-2 所示。

先在下压板上铺一层干砂以防止因试件承压面与试验机压板接触不均匀紧密而对试验结果有影响，接着将试件吊起，吊起过程中保护好试件，清除试件下承压面的杂物然后放置于试验机的下压板上，试件就位时，应使试件 4 个侧面的竖向中线对准试验机的轴线。加载前将钢筋笼锯断、拆下，将少量干细砂铺在试件的上承压面上。

（2）测点布置

为了观察应变变化，共贴 8 个应变片在每个试件中截面的 4 个侧面上，应变片的位置如图 5-3（a）所示。为了观察挠度变形，4 个百分表被设置在试件宽侧面的竖向中线的上、中、下处及竖向。试验装置和百分表的位置如图 5-3（b）所示。

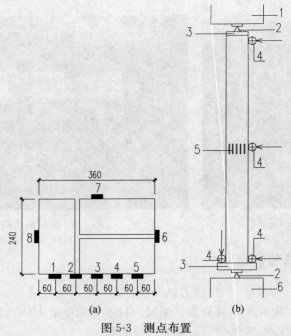

图 5-3　测点布置

1—压力机顶板；2—刀口支座；3—钢板；4—百分表；5—应变片；6—压力机底板

（3）加荷方法

对试件，采用物理对中、分级施加荷载方法。在预估破坏荷载值的 5% 至 20% 区间内，反复预压 3～5 次，检查仪器、仪表读数是否正常。预压后，卸荷，按《砌体基本力学性能试验方法标准》（GB/T 50129—2011）规定的施加荷载方法逐级加荷，每级的荷载，为预估破坏荷载值的 10%，并在 1～1.5min 内均匀加完；恒荷 1～2min 后施加下一级荷载。施加荷载时，不得冲击试件。并同时测记变形值。

（4）数据采集与记录

试验过程采集的试件开裂荷载、极限荷载由压力机读取；百分表及应变片读数由计算机数据采集系统自动采集。试件的裂缝状态在试验现场人工描绘，然后拍照记录。

5.3　试　验　结　果

5.3.1　破坏过程及特征

整个破坏过程大致分为三个阶段：

第一阶段为从砌体开始受压，到出现第一批裂缝。裂缝一般首先出现在竖向灰缝及与竖向灰缝相邻的上下砖中，呈竖直或略倾斜方向，且大多先出现在试件窄面的上下端部。开裂荷载约为极限荷载的 60% 左右。接近开裂荷载时都有“啪啪”的微爆声。在该阶段，试件中部截面材料的纵向应变和侧向位移，随荷载的增加呈比例增长。

第二阶段为裂缝开展阶段。荷载增大，裂缝沿着竖向灰缝向下延伸，形成连续的裂缝，并不断有新的裂缝出现，即使恒荷载，裂缝仍继续发展。试件内不断有微爆声。此阶段应力-应变曲线逐渐趋于平缓，应变增长变快。试件中部截面材料的纵向应变和侧向位移随荷载的增加呈非线性增长。

第三阶段为荷载增加至砌体破坏，此阶段裂缝迅速扩展延伸，不断加长加宽，直至试验机的指针反弹，说明试件已达到极限荷载。有些砌体破坏时伴随着“嘣”的巨响，破坏过程较为短促。试件破坏无任何预兆，呈现出明显的脆性。达到极限荷载后蒸压粉煤灰实心砖和多孔砖砖砌体柱除有些试件有少量碎片剥落外都能保持整体稳定，为强度破坏。而烧结黏土砖高厚比为 18 的试件以突然的脆断宣告试件的破坏，整个试件散落一地，出现了失稳破坏特征（图 5-4）。

蒸压粉煤灰实心砖砌体试件细部破坏形态如图 5-5 所示，多孔砖砌体试件如图 5-6 所示。

随着高厚比的增加，试件表现出不同的开裂和破坏现象。比较整个受力破坏过程，可以发现有以下特征：

（1）裂缝主要为竖向裂缝，一般为与竖向灰缝相交处的砖最先开裂。少数砖在应力较大时会在偏离竖向灰缝处产生裂缝，但开裂后发展较慢。

图 5-4　黏土砖试件破坏形态

（2）高厚比从 6 到 18 的蒸压粉煤灰实心砖和多孔砖砌体柱破坏后，虽然高厚比较大试件上部出现明显的倾斜，但都能保持整体稳定，为强度破坏，如图 5-7（a）、图 5-8（a）所示。而烧结黏土砖高厚比为 18 的试件以突然的脆断宣告试件的破坏，整个试件散落一地，如图 5-4 所示。这主要是由于高厚比较大的构件，纵向弯曲的不利影响随之增大，往往由于侧向变形增大而产生纵向弯曲破坏，丧失稳定。以上现象表明：蒸压粉煤灰砖由于表面平整，使砌筑时易规整，产生的附加偏心较小，这是优于烧结黏土砖砌体的。

（3）砌体内实心砖破坏截面为中截面断裂破坏，单砖破坏形式基本一致，说明主要是受弯、剪破坏，如图 5-9 所示。多孔砖破坏除了中截面断裂破坏外，破坏截面有沿外壁孔洞截面破坏，且破坏面贯穿多孔砖同一截面上的所有孔洞，说明砖的肋及孔壁相对较薄，在荷载作用下易发生外壁崩离，如图 5-10 所示。

图 5-5　蒸压粉煤灰实心砖试件细部破坏形态

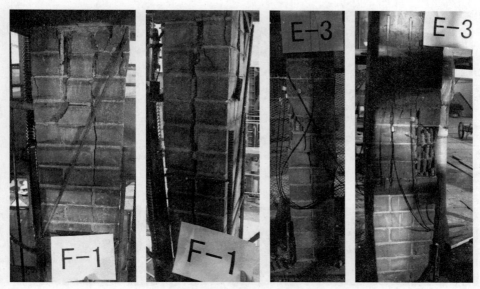

图 5-6　蒸压粉煤灰多孔砖试件细部破坏形态

| (a) | (b) | (c) | (a) | (b) | (c) |

图 5-7　不同 β 实心砖试件整体破坏形态　　　　图 5-8　不同 β 多孔砖试件整体破坏形态

　(a) β=18；(b) β=12；(c) β=6　　　　　　　　(a) β=18；(b) β=12；(c) β=6

图 5-9　蒸压粉煤灰实心砖破坏截面

图 5-10　蒸压粉煤灰多孔砖破坏截面

5.3.2　截面应变分布

从不同荷载作用下试件中间截面宽侧面上应变片的读数得到中间截面应变的变化。以蒸压粉煤灰实心砖高厚比为 18 的试件为例。中间截面应变分布如图 5-11 所示。

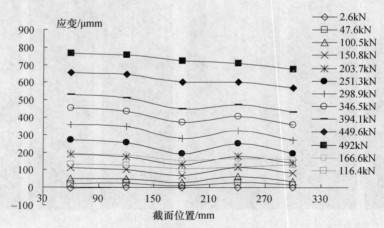

图 5-11　截面应变分布曲线

从曲线的密度可以看出：在加载后期特别是临近破坏时，曲线密度小于加载初期，这主要是由于加载后期应变增长速度变快。从加载至破坏，同一荷载作用下，应变沿截面分布大体上呈直线，截面应变分布符合平截面假定。截面上各点的应变变化基本一致，受附加偏心的影响不大。

5.3.3　荷载-轴向变形曲线

实测典型的荷载-轴向变形曲线如图 5-12 所示。由图 5-12 曲线可以看出：

（1）初始上升段为直线或接近于直线，这表明此时材料基本上是线弹性的。临近破坏荷载时，曲线斜率变小，轴向变形值的增长速度加快。

（2）达到极限荷载后，其承载力急剧减弱，其下降段降幅较大，延性较小直至完全破坏。从整个形态看，压缩荷载-轴向变形全曲线在峰值荷载处变化比较剧烈，出现显著的尖角。

（3）高厚比从 6 到 18 的试验试件，其承载力随高厚比的增加而降低，其极限荷载对应的轴向压缩值随高厚比的增加而增大。

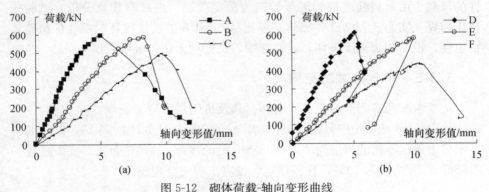

图 5-12　砌体荷载-轴向变形曲线
（a）蒸压粉煤灰实心砖砌体柱；（b）蒸压粉煤灰多孔砖砌体柱

5.3.4　荷载-挠度曲线

根据各试件主要弯曲面的跨中挠度值及相应荷载的大小，绘成荷载-挠度曲线（每组高厚比取一个试件），如图 5-13 所示。

由图 5-13 可知，部分试件在加载初期就产生了较大的侧向挠度，主要原因是由于试件本身的初始缺陷和安装时上下加载面不平或者铺细砂不均匀产生的偶然偏心所致。待加载稳定后，挠度变化也相对稳定，缓慢增长。随着荷载的增加，裂缝的出现及不断发展，附加偏心的影响增大，试件跨中挠度增长变快。

试件的高厚比越大，其初始缺陷对挠度变化及承载力的影响就越大，在其他参数相同的情况下，随着高厚比从 6 增加到 12，砌体轴心受压长柱的承

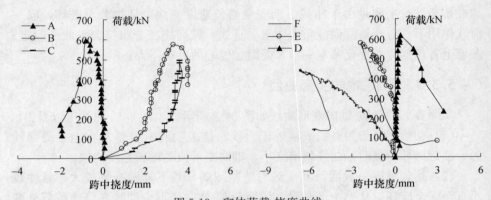

图 5-13　砌体荷载-挠度曲线

（a）蒸压粉煤灰实心砖砌体柱；（b）蒸压粉煤灰多孔砖砌体柱

载力逐渐降低，破坏时的跨中挠度相应变大，当挠度大于其极限挠度时，长柱的承载力由材料强度控制逐步转向为稳定控制。由试验现象分析，试验中蒸压粉煤灰实心砖和多孔砖砌体高厚比从 6 到 18 的长柱破坏时都能保持整体稳定性，说明均为强度破坏，试件跨中的挠度均未达到极限挠度。

5.3.5　承载力试验结果

试件情况及实测开裂荷载、破坏荷载及抗压强度列于表 5-2～表 5-4 中。

从表 5-2～表 5-4 中数据可见：砌体柱的高厚比从 6 增加到 18，砌体的抗压承载力随高厚比的增加而降低，并有一定的规律，β 每增加 6，抗压强度一般降低 9.56%～13.19%，比较稳定，没有出现突变现象。

表 5-2　烧结黏土砖砌体柱抗压强度试验结果

试件编号	β	H/mm	截面面积/mm²	开裂荷载/kN	破坏荷载/kN	抗压强度/MPa
G	6	1450	86395	595	944.3	10.93
H	12	2875	86407	482	820.0	9.49
I	18	4365	86360	415	714.2	8.27

表 5-3　蒸压粉煤灰实心砖砌体柱抗压强度试验结果

试件编号	β	H/mm	截面面积/mm²	开裂荷载/kN	破坏荷载/kN	抗压强度/MPa	变异系数	平均值/MPa
A-1	6	1450	86444	346	684.6	7.92	0.041	664.8
A-2	6	1450	86355	425	644.9	7.47		

续表

试件编号	β	H/mm	截面面积$/mm^2$	开裂荷载$/kN$	破坏荷载$/kN$	抗压强度$/MPa$	变异系数	平均值$/MPa$
A-3	6	1450	—	—	—	—	0.041	664.8
B-1	12	2875	86384	342	590.1	6.83		
B-2	12	2875	86336	360	575.2	6.66	0.025	590.1
B-3	12	2875	86429	125	605.1	7.00		
C-1	18	4365	86379	275	520.3	6.02		
C-2	18	4365	86409	250	515.6	5.97	0.038	506.9
C-3	18	4365	86453	400	484.9	5.61		

表 5-4　蒸压粉煤灰多孔砖砌体柱抗压强度试验结果

试件编号	β	H/mm	截面面积$/mm^2$	开裂荷载$/kN$	破坏荷载$/kN$	抗压强度$/MPa$	变异系数	平均值$/MPa$
D-1	6	1450	86354	—	589.8	6.83		
D-2	6	1450	86423	175	613.6	7.10	0.022	605.7
D-3	6	1450	86423	375	613.6	7.10		
E-1	12	2885	86447	340	576.6	6.67		
E-2	12	2885	86448	380	486.7	5.63	0.096	547.5
E-3	12	2885	86463	460	579.3	6.70		
F-1	18	4385	86441	240	510.0	5.90		
F-2	18	4385	86420	300	490.0	5.67	0.057	485.0
F-3	18	4385	86338	330	455.0	5.27		

5.4　轴心受压长柱承载力计算公式

高厚比对砌体长柱受压承载力的影响通过引入稳定系数 φ_0 来表达。

《砌体结构设计规范》（GB 50003—2011）给出砌体轴心受压长柱承载力可用式（5-1）、式（5-2）计算：

$$N_\beta = \varphi_0 A f \tag{5-1}$$
$$\varphi_0 = 1/(1 + \alpha\beta^2) \tag{5-2}$$

其中，φ_0 为轴心受压构件的稳定系数；α 为与砂浆强度等级有关的系数，当砂浆强度等级大于或等于 M5 时，$\alpha = 0.0015$；β 为构件的高厚比。

式（5-1）中砌体抗压强度设计值 f 偏于安全地取砌体抗压强度平均值 f_m，即按式（5-3）计算：

$$f=k_1 f_1^a(1+0.07f_2)k_2 \tag{5-3}$$

将 f_1、f_2 实测值代入式（5-3），得到蒸压粉煤灰实心砖砌体抗压强度平均值 $f_m=6.91$；蒸压粉煤灰多孔砖砌体抗压强度平均值 $f_m=5.46$；烧结黏土砖砌体抗压强度平均值 $f_m=7.66$。

将式（5-2）、式（5-3）计算结果代入式（5-1），得到承载力规范计算值 N_C。

试件高度 H_0、高厚比 β、修正高厚比 β_c、规范计算值 N_C 和试验实测平均值 $\overline{N_M}$ 对比见表 5-5。

从表 5-5 可以看出，$\overline{N_M}/N_C$ 的值在 1.18～1.72 之间，平均比值为 1.41，标准差为 0.19。说明蒸压粉煤灰砖砌体轴心受压长柱的承载力采用现行规范公式计算，具有较好的安全性和可靠度，因此蒸压粉煤灰砖实心砖和多孔砖砌体轴心受压长柱的承载力采用规范公式（5-1）计算。

表 5-5 长柱轴心受压承载力计算结果

试件编号	H_0/mm	β	β_c	φ_0	$\overline{N_M}$/kN	N_C/kN	$\overline{N_M}/N_C$
A	1450	6	7.2	0.928	664.8	561.6	1.18
B	2875	12	14.4	0.763	590.1	461.7	1.28
C	4365	18	21.6	0.588	506.9	356.1	1.42
D	1450	6	7.2	0.928	605.7	443.8	1.36
E	2885	12	14.4	0.763	547.5	364.8	1.50
F	4385	18	21.6	0.588	485.0	281.4	1.72
G	1450	6	6	0.949	944.3	635.8	1.49
H	2875	12	12	0.822	820.0	551.1	1.49
I	4365	18	18	0.673	714.2	451.0	1.58

5.5 允许高厚比取值

由于高厚比较大的构件，纵向弯曲的不利影响随之增大，往往由于侧向变形增大而产生纵向弯曲破坏，丧失稳定。因此，当试件高厚比很大时，不但构件承载力低，而且很不安全。规范规定当砂浆强度等级大于等于 M7.5 时，砌体柱的允许高厚比为 17。本书将砌体柱的高厚比做到 18 来验证规范中允许高厚比取值 17 是否适用于蒸压粉煤灰砖砌体。

从试验数据和破坏现象研究发现：高厚比从 6 增加到 18 的蒸压粉煤灰砖砌体柱，承载力基本呈线性递减，没有出现突变；各组试验试件极限承载力的变异系数小于 0.10，平均值为 0.047，说明试验结果正常、数据可靠；试件破坏时仍保持整体稳定性，为强度破坏。与烧结黏土砖砌体柱对比发现：高厚比为 18 的烧结黏土砖砌体柱试件以突然的脆断宣告试件的破坏，整个试件散落一地。

以上分析表明：蒸压粉煤灰砖由于表面平整，使砌筑时易规整，产生的附加偏心较小，这是优于烧结黏土砖砌体的。规范中允许高厚比的取值 17 适用于蒸压粉煤灰砖砌体。

第6章 蒸压粉煤灰砖砌体受剪力学性能

6.1 引 言

砌体抗剪强度是砌体进行抗震验算的基本性能指标。砌体的抗剪力学性能对建筑物抵抗横向荷载非常重要。我国《砌体结构设计规范》(GB 50003—2011)给出的蒸压粉煤灰砖砌体抗剪强度设计值约为烧结普通砖砌体抗剪强度的 0.70 倍。此取值是考虑到蒸压粉煤灰砖砌体在使用性能方面不如烧结黏土砖砌体且砂浆采用普通砂浆，目前经高压蒸汽养护多次排气压制成的粉煤灰砖的质量较以往生产的粉煤灰砖有很大提高。另外，专用砂浆的采用提供了砂浆与砖的黏结性。所以对蒸压粉煤灰砖砌体沿通缝抗剪的研究应更深入细致，以合理地确定蒸压粉煤灰砖的抗剪强度取值，有利于蒸压粉煤灰砖在地震设防区的推广与应用。

本章通过试验研究蒸压粉煤灰砖砌体沿通缝截面的抗剪性能。试验以不同强度普通砂浆及专用砂浆为参数，对 48 个蒸压粉煤灰砖砌体试件及 30 个烧结黏土砖砌体试件进行通缝抗剪试验；对比分析了两种砖的抗剪性能；研究了专用砂浆与普通砂浆对砖砌体沿通缝截面抗剪强度影响的不同；探讨蒸压粉煤灰砖砌体的受剪破坏特征、抗剪强度指标等；给出了普通砂浆及专用砂浆砌筑蒸压粉煤灰砖砌体抗剪强度平均值计算公式。

6.2 试 验 概 况

6.2.1 试件设计与制作

（1）试验用砖

试验选用的蒸压粉煤灰实心砖及烧结黏土砖单砖抗压强度平均值分别为 15.25MPa、8.67MPa。

（2）砌筑砂浆

砌筑砂浆采用了 M2.5、M5、M7.5、M10 水泥混合砂浆及 M5、M7.5、M10 专用砂浆。

①配合比。水泥混合砂浆按《建筑砂浆配合比速查手册》[7]中的砂浆配合比要求配制。M5、M7.5、M10 专用砂浆为中国建筑东北设计研究院研制的 DY-1 型蒸压粉煤灰砖砌体专用砌筑砂浆，该砂浆能大幅度提高砖砌体的沿通缝抗剪能力。此砂浆已通过部级技术鉴定，其研制成功为蒸压粉煤灰砖大量推广应用解决了关键技术，是蒸压粉煤灰砖在地震区推广应用的理想配套材料。

DY-1 型专用砂浆具有如下性能[55]：

a. 可靠优越的技术性能。

b. 成本低于普通砂浆。DY-1 型专用砂浆工作性好、容重轻（湿容重要求在 $1850kg/m^3$ 以下），因此每立方米干料用量比普通混合砂浆用量减少 20% 左右，加上专用砂浆的流动性、保水性好，砌筑砂浆用量也只有普通混合砂浆的 80% 左右。因此，DY-1 型粉煤灰专用砂浆的成本比普通砂浆低 21%～5%，而砌筑成本低 45%～38%[55]。

c. 良好的施工性能。专用砂浆具有黏结力强、保水性好、流动性好、砌筑表面不浇水、施工简单方便等优点。当水料比为 0.2～0.25 时，砂浆的流动度达到 10～11cm，分层度＜2cm。而且砂浆静置 2～3h 无离析现象[55]。

DY-1 型粉煤灰砌筑专用砂浆配合比见表 6-1。

表 6-1　DY-1 型粉煤灰砌筑专用砂浆配合比

强度等级	水泥标号	水料比	配合比			每立方米砂浆用量/kg			
			水泥	DY-1 型集料	中砂	水泥	DY-1 型集料	中砂
M5	32.5 #	0.2～0.25	1	0.52	7.2	172	89.5	1238.5
M7.5	32.5 #	0.2～0.25	1	0.45	6	201	90	1209
M10	32.5 #	0.2～0.25	1	0.4	4	278	111	1112

②砂浆试块实测强度。砂浆立方体抗压强度按照式（6-1）计算[10]：

$$f_{m,cu} = \frac{N_u}{A} \qquad (6-1)$$

其中，$f_{m,cu}$ 为砂浆立方体抗压强度，MPa；N_u 为最大破坏荷载，N；A 为试件承压面积，mm^2。

28d 采样砂浆实测抗压强度列于表 6-2～表 6-4 中。

试验结果表明，同一种条件下拌制的砂浆，采用烧结黏土砖做底模的砂浆强度最高，采用钢底做底模的砂浆强度最低，采用蒸压粉煤灰砖做底模的砂浆强度居中。遵循《砌体结构设计规范》（GB 50003—2011）第 3.1.3 条注按同底试模强度值取定，即蒸压粉煤灰砖砌体砂浆强度取蒸压粉煤灰砖为底模的砂浆试块的强度，烧结黏土砖砌体砂浆强度取烧结黏土砖为底模的砂浆试块的强度。

表 6-2   蒸压粉煤灰砖底试模砂浆实测抗压强度值   MPa

砂浆种类	砂浆设计强度等级	实测值						平均值
普通	M2.5	3.50	4.26	3.06	3.74	3.58	4.10	3.71
	M5	4.68	5.22	5.32	5.46	—	4.98	5.13
	M7.5	6.12	6.82	—	6.28	7.91	6.56	6.74
	M10	8.28	9.88	9.92	—	7.22	—	8.83
专用	M5	5.24	5.42	5.62	5.78	4.96	5.14	5.36
	M7.5	6.24	8.60	8.72	6.92	6.36	5.92	7.13
	M10	12.24	13.86	13.76	12.88	15.16	13.2	13.52

表 6-3   烧结黏土砖底试模砂浆实测抗压强度值   MPa

砂浆种类	砂浆设计强度等级	实测值						平均值
普通	M2.5	3.54	3.46	3.56	2.96	3.00	3.46	3.33
	M5	7.50	8.76	7.34	9.00	9.42	8.38	8.40
	M7.5	7.74	7.48	7.2	11.74	9.38	10.22	8.96
	M10	12.06	10.86	9.60	10.02	9.06	11.14	10.46
专用	M10	8.02	13.26	9.28	12.4	10.96	9.82	10.62

表 6-4   钢底试模砂浆实测抗压强度值   MPa

砂浆种类	砂浆设计强度等级	实测值						平均值
普通	M2.5	2.34	2.98	2.58	2.0	2.54	3.06	2.58
	M5	6.32	5.38	5.42	5.36	5.88	5.38	5.62
	M7.5	7.24	6.54	6.80	6.36	7.24	7.50	6.95
	M10	7.98	7.68	10.24	10.08	8.96	8.68	8.94
专用	M5	3.70	3.64	3.50	3.96	3.22	3.94	3.66
	M7.5	5.70	6.84	6.24	6.56	5.94	5.92	6.20
	M10	10.9	9.46	11.18	12.86	10.28	8.1	10.46

从表 6-2～表 6-4 试验结果可以看出，烧结黏土砖做底模时，由于其早期吸水速度快，吸水率也大，在水泥硬化前期吸收水分最多，所以其砂浆抗压强度最高，为钢底模时强度的 1.02～1.49 倍，平均为 1.25 倍，平均为蒸压粉煤灰砖做底模时砂浆强度的 1.17 倍。蒸压粉煤灰砖做底模其砂浆强度为钢底模时强度的 0.91～1.46 倍，平均为 1.17 倍。

关于砂浆底模问题，在砌体两个［《砌体结构设计规范》（GB 50003—2011）、《建筑砂浆基本性能试验方法标准》（JGJ/T 70—2009）］现行国家标准的规定中不统一。为此，试验中采用了不同底模对比分析。从理论上讲，同底试模更接近实际墙体中的砂浆强度，但受做底模块材含水率的影响较大，虽然试件制作时测试了含水率，但由于砌筑时间的差异、温湿度的不同，还是使测试结果离散性较大，使得试验数据与表 3-4 略有不同。但与分析提出的砂浆试模采用钢底模时，对于蒸压粉煤灰砖砌体确定砌筑砂浆强度采用的修正系数为 1.15 是满足的。

（3）试件设计及制作

试验采用沿通缝截面的双剪试件[56-59]，试件尺寸为 179mm×240mm×365mm，如图 6-1 所示。

采用 M2.5、M5、M7.5、M10 四种强度等级的混合砂浆及 M5、M7.5、M10 三种强度等级的专用砂浆与蒸压粉煤灰实心砖和烧结黏土砖组合，其中 M10 专用砂浆试件采用 10mm 灰缝和 5mm 灰缝各一组进行对比。

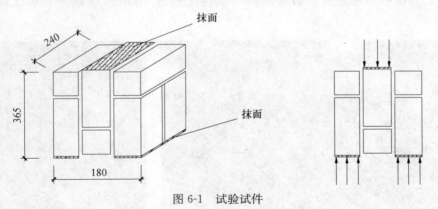

图 6-1　试验试件

共砌筑 13 组试件，每组 6 个，共 78 个试件，试件分组情况见表 6-5。试件砌筑由一名中等技术水平的瓦工，采用分层流水作业法砌筑。试件砌筑完毕，立即在其顶部平压 4 皮砖，平压时间为 14d。承压面和加荷面采用 1∶3 水泥砂浆找平，找平层厚度为 10mm，其平整度采用水平尺和直角尺检查。试件在自然条件下养护 28d 后进行试验。砌筑试件如图 6-2 所示。

表 6-5 抗剪试件分组

砂浆	块材	
	蒸压粉煤灰砖/个	烧结黏土砖/个
M2.5	6	6
M5	6	6
M7.5	6	6
M10	6	6
M5 专用砂浆	6	—
M7.5 专用砂浆	6	—
M10 专用砂浆（10mm）	6	6
M10 专用砂浆（5mm）	6	—

6.2.2 加载方法及试验过程

试验采用 2000kN 微机屏显式液压压力机加载。试验前测量试件受剪面尺寸（精度为 1mm），然后将试件放到加载设备的两个 55mm 宽的条形压板上，为让试件与条形压板均匀紧密接触，二者之间垫 5mm 橡胶找平，将试件 4 个侧面的竖向中线与加载设备的轴线对齐后，在试件上面放置宽为 55mm 的条形压板，条形压板与试件之间放 5mm 橡胶找平。加载如图 6-3 所示。

图 6-2 砌筑试件

图 6-3 加载示意图

采用匀速连续加载方法，加荷速度控制在试件 1～3min 内破坏为宜，记录破坏荷载值和破坏特征。

6.3 试验结果分析

6.3.1 试验现象及破坏过程

当试件加压至极限荷载时，沿受剪面发生突然的破坏，破坏时没有明显的预兆，加载过程中，试件表面也未见明显的裂缝开展。蒸压粉煤灰砖砌体试件和烧结黏土砖砌体试件破坏现象基本相同，都有单剪面破坏和双剪面破坏发生。试件破坏类型统计见表 6-6。

表 6-6 抗剪试件破坏现象

块材	砂浆	单剪破坏/个	双剪破坏/个
蒸压粉煤灰实心砖	M2.5	3	3
	M5	2	4
	M7.5	3	3
	M10	4	2
	小计	12（50%）	12（50%）
	M5 专用砂浆	4	2
	M7.5 专用砂浆	5	1
	M10 专用砂浆（10mm）	5	1
	M10 专用砂浆（5mm）	4	2
	小计	18（75%）	6（25%）
	共计	37（61.7%）	23（38.3%）
烧结黏土砖	M2.5	2	4
	M5	2	4
	M7.5	2	4
	M10	1	5
	小计	7（29%）	17（71%）
	M10 专用砂浆（10mm）	2	4
	小计	2（33%）	4（67%）
	共计	9（30%）	21（70%）

注：括号内为该破坏类型数目占相应试件总数的百分比。

6.3.2 抗剪强度试验结果分析

依据《砌体基本力学性能试验方法标准》（GB/T 50129—2011），每个抗剪试件沿通缝截面的抗剪强度试验值取试验破坏荷载除以试件双剪面的面积：

$$f_{v,m} = \frac{N_v}{2A} \tag{6-2}$$

其中，$f_{v,m}$为试件沿通缝截面的抗剪强度试验值，N/mm^2；N_v为试件的抗剪破坏荷载，N；A为试件的一个受剪面的面积，mm^2。

蒸压粉煤灰实心砖和烧结黏土普通砖沿通缝截面抗剪强度试验值见表6-7、表6-8。

表 6-7　蒸压粉煤灰实心砖砌体抗剪强度数据

砂浆设计强度等级	砂浆强度/MPa	抗剪强度试验值/MPa						试验平均值/MPa
M2.5	3.71	0.226	0.159	0.178	0.183	0.194	0.239	0.197
M5	5.13	0.231	0.320	0.281	0.350	0.220	0.294	0.283
M7.5	6.74	—	0.337	0.278	—	0.372	0.408	0.349
M10	8.83	0.422	0.496	0.342	0.546	—	0.474	0.456
M5 专用砂浆	5.36	0.329	0.437	0.363	0.364	0.395	0.449	0.389
M7.5 专用砂浆	7.13	0.403	0.427	0.620	0.395	0.473	—	0.464
M10 专用砂浆（10）	10.46	0.654	0.642	0.481	0.607	0.494	0.450	0.555
M10 专用砂浆（5）	10.46	0.671	0.554	0.655	—	0.560	0.600	0.608

表 6-8　烧结黏土砖抗剪强度数据

砂浆设计强度等级	砂浆强度/MPa	抗剪强度试验值/MPa						试验平均值/MPa
M2.5	3.33	0.218	0.138	0.137	0.259	0.132	0.189	0.179
M5	8.40	0.246	0.449	0.203	0.175	0.232	0.244	0.258
M7.5	8.96	0.253	0.224	0.442	0.326	0.248	0.214	0.285
M10	10.46	0.599	0.304	0.388	0.352	0.506	0.316	0.411
M10 专用砂浆（10）	10.62	0.351	0.376	0.408	0.328	0.245	0.239	0.325

由表6-7、表6-8可以看出，由于试验中采用的专用砂浆的保水性和和易性好、黏结强度高，使专用砂浆砌筑的蒸压粉煤灰砖抗剪试件比同等级普通砂浆砌筑的试件的抗剪强度实测值平均提高31%，且5mm灰缝专用砂浆试件

比 10mm 灰缝专用砂浆试件的抗剪强度平均提高 10%。由此可见，专用砂浆对蒸压粉煤灰砖砌体的抗剪强度增加效果较明显，且薄灰缝专用砂浆试件强度高于厚灰缝专用砂浆试件强度。

蒸压粉煤灰砖砌体的抗剪强度实测值较烧结黏土砖砌体平均提高 12%。《蒸压粉煤灰砖建筑技术规程》（CECS 256：2009）规范组成员单位陕西省建研院的试验结果中也出现了砌体通缝抗剪强度试验值高于烧结砖砌体试验值[25]；重庆市建科院、陕西省建研院[25]的蒸压粉煤灰普通砖砌体抗剪强度试验值与烧结砖砌体比值的平均值分别为 0.798、1.356。造成各个研究单位试验值有高有低的原因较多，如砖的生产厂家不同、试件的制作质量、试验加载系统误差、人工操作误差、各地区温湿度差异等。但总体上，主要由于生产工艺的改进，经高压蒸汽养护多次排气压制成的粉煤灰砖的质量较以往生产的粉煤灰砖有很大提高。

6.4　抗剪强度平均值计算公式

试验数据表明，砌体水平灰缝中砂浆与块体的黏结强度对单纯受剪砌体的受剪破坏起决定作用，而砂浆与块体的黏结强度主要与砂浆强度有关[60-62]，所以《砌体结构设计规范》（GB 50003—2011）中抗剪强度平均值计算公式为：

$$f_{\mathrm{v,m}} = k_5 \sqrt{f_2} \tag{6-3}$$

其中，$f_{\mathrm{v,m}}$ 为试件沿通缝截面的抗剪强度平均值，$\mathrm{N/mm^2}$；f_2 为砂浆强度，$\mathrm{N/mm^2}$；k_5 为反映材料特性的系数，规范 [19] 中蒸压粉煤灰砖 k_5 取 0.09。

普通砂浆试件抗剪强度试验实测平均值 $\overline{f^{\mathrm{m}}_{\mathrm{v,m}}}$、规范公式计算值 $f_{\mathrm{v,m}}$ 等列于表 6-9 中。专用砂浆试件抗剪强度试验实测平均值 $\overline{f^{\mathrm{m}}_{\mathrm{v,m}}}$、规范公式计算值 $f_{\mathrm{v,m}}$ 等列于表 6-10 中。

表 6-9　普通砂浆试件抗剪强度试验结果及规范公式与回归公式计算结果比较

砂浆强度/MPa	$\overline{f^{\mathrm{m}}_{\mathrm{v,m}}}$/MPa	$f^{\mathrm{c}}_{\mathrm{v,m}}$/MPa	式（6-4）计算值 f_4/MPa	式（6-3）计算值 f_6/MPa	式（6-8）计算值 f_8/MPa	$\overline{f^{\mathrm{m}}_{\mathrm{v,m}}}/f^{\mathrm{c}}_{\mathrm{v,m}}$	$\overline{f^{\mathrm{m}}_{\mathrm{v,m}}}/f_8$
3.71	0.197	0.173	0.256	0.193	0.186	1.14	1.06
5.13	0.283	0.204	0.301	0.226	0.257	1.39	1.10
6.74	0.349	0.234	0.345	0.260	0.337	1.49	1.04
8.83	0.456	0.267	0.395	0.297	0.442	1.71	1.03
平均值						1.43	1.06

表 6-10　专用砂浆试件抗剪强度试验结果及规范公式与回归公式计算结果比较

砂浆强度/MPa	$\overline{f_{v,m}^m}$/MPa	$f_{v,m}^c$/MPa	式（6-5）计算值 f_5/MPa	式（6-7）计算值 f_7/MPa	$\overline{f_{v,m}^m}/f_{v,m}^c$	$\overline{f_{v,m}^m}/f_7$
5.36	0.389	0.208	0.398	0.313	1.87	1.24
7.13	0.464	0.240	0.459	0.360	1.93	1.29
10.46	0.555	0.291	0.556	0.437	1.91	1.27
平均值					1.90	1.27

　　由于蒸压粉煤灰砖生产工艺的改进使砖的质量有很大提高，并且集料的掺量对其砌体的抗剪性能有较大的有利影响。由表 6-9、表 6-10 可以看出，普通砂浆试件试验平均值较按现行规范公式计算的结果提高 43%，专用砂浆试件较按现行规范公式计算的结果提高 90%。说明现行规范公式低估了专用砂浆砌筑的砌体以及蒸压粉煤灰砖砌体的抗剪强度。所以，对现行规范公式进行调整，以给出适合于蒸压粉煤灰砖砌体抗剪强度平均值计算的公式。

　　对普通砂浆抗剪试件试验结果运用最小二乘法得到抗剪强度计算公式：

$$f_{v,m}=0.133\sqrt{f_2} \tag{6-4}$$

　　对专用砂浆抗剪试件试验结果运用最小二乘法得到抗剪强度计算公式：

$$f_{v,m}=0.172\sqrt{f_2} \tag{6-5}$$

　　考虑到抗剪强度的离散性大、施工情况与试验时的差异，且有一些试验点位于回归线以下，偏于不安全，对公式中系数进行修正，使回归曲线成为试验点的下包线，故取 0.8 的折减系数。因此普通砂浆砌筑蒸压粉煤灰砖砌体抗剪强度平均值计算公式为：

$$f_{v,m}=0.10\sqrt{f_2} \tag{6-6}$$

　　专用砂浆砌筑蒸压粉煤灰砖砌体抗剪强度平均值计算公式为：

$$f_{v,m}=0.135\sqrt{f_2} \tag{6-7}$$

　　另外，根据普通砂浆试件实测值趋势线回归公式 $y=0.0494x^{1.0257}$ 及考虑到安全系数 0.8，近似得到普通砂浆试件抗剪平均值公式：

$$f_{v,m}=0.04f_2 \tag{6-8}$$

　　根据专用砂浆试件实测值趋势线回归公式 $y=0.1629x^{0.5189}$，同样考虑安全系数后，得到的公式与式（6-7）相近。

　　试验值、规范公式计算值及回归公式（6-4）～式（6-8）计算值的比较列于表 6-9、表 6-10 中，回归公式计算值既低于试验值又与试验值非常接近。各计算值的对比如图 6-4、图 6-5 所示。

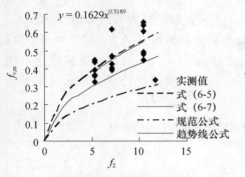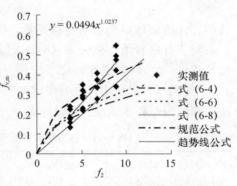

图 6-4　专用砂浆试件回归曲线　　　　图 6-5　普通砂浆试件回归曲线

从图 6-4、图 6-5 更直观看出，公式（6-7）、式（6-8）与实测值吻合较好且形式简单，既安全又减少了材料的浪费。且普通砂浆试件公式（6-8）计算值与试验值的平均比值为 1.06，标准差为 0.031；专用砂浆试件公式（6-7）计算值与试验值的平均比值为 1.27，标准差为 0.025。所以建议采用式（6-8）计算普通砂浆砌筑蒸压粉煤灰砖砌体抗剪强度平均值，采用式（6-7）计算专用砂浆砌筑蒸压粉煤灰砖砌体抗剪强度平均值。

6.5　抗剪强度标准值和设计值取值

各组抗剪强度试验平均值的标准差按式（6-9）计算：

$$\sigma = \sqrt{\frac{1}{n}\sum_{i=1}^{n}(x_i - m_z)^2} \tag{6-9}$$

其中，x_i 为各试件试验值；m_z 为各组试验平均值；n 为各组的试件数量。

变异系数按式（6-10）计算：

$$\delta = \frac{\sigma}{m_z} \tag{6-10}$$

按式（6-9）、式（6-10）计算的各组试验试件抗压强度标准差和变异系数见表 6-11。

从表 6-11 可以看出，蒸压粉煤灰砖砌体各组试件抗剪强度值的变异系数基本小于 0.20，其平均值为 0.170，说明蒸压粉煤灰砖砌体试验结果正常、数据可靠。偏于安全考虑，蒸压粉煤灰砖砌体抗剪强度试验值的变异系数取 $\delta = 0.20$，那么具有 95% 保证率的蒸压粉煤灰砖砌体抗剪强度标准值计算公式为：

$$f_{v,k} = f_{v,m}(1 - 1.645\delta) \tag{6-11}$$

设计值计算公式为：

$$f = f_{v,k}/\gamma_f \tag{6-12}$$

其中，γ_f 为砌体结构材料分项系数，施工质量控制等级为 B 级，取 $\gamma_f = 1.6$。

对于普通砂浆，按公式（6-8）计算抗剪强度平均值 $f_{v,m}$；对于专用砂浆，按公式（6-7）计算抗剪强度平均值 $f_{v,m}$。按式（6-11）计算抗剪强度标准值 $f_{v,k}$、按式（6-12）计算抗剪强度设计值 $f_{v,k}$，以及按现行规范查表运用插值法得到的规范标准值 $f^c_{v,k}$ 和设计值 f_v 的对比，见表 6-11。

表 6-11　标准值和设计值试验计算值与规范值比较

砂浆	砂浆强度/MPa	试验值/MPa	标准差	变异系数	$f_{v,m}$/MPa	$f_{v,k}$/MPa	f_v/MPa	$f^c_{v,k}$/MPa	f_v/MPa	$f_{v,k}/f^c_{v,k}$	f_v/f_v
普通砂浆	3.71	0.197	0.040	0.203	0.186	0.125	0.078	0.115	0.070	1.09	1.11
	5.13	0.283	0.050	0.177	0.257	0.172	0.108	0.132	0.081	1.30	1.33
	6.74	0.349	0.055	0.158	0.337	0.226	0.141	0.151	0.094	1.50	1.50
	8.83	0.456	0.078	0.171	0.442	0.297	0.185	0.176	0.111	1.69	1.67
	平均比值									1.40	1.40
专用砂浆	5.36	0.389	0.047	0.120	0.313	0.210	0.131	0.134	0.083	1.57	1.58
	7.13	0.464	0.093	0.199	0.360	0.242	0.151	0.156	0.097	1.55	1.56
	10.46	0.555	0.090	0.162	0.437	0.293	0.183	0.196	0.124	1.49	1.48
	平均比值									1.54	1.54

由表 6-11 可以看出，普通砂浆蒸压粉煤灰砖砌体抗剪强度的标准值和设计值较规范值提高了 40%；专用砂浆蒸压粉煤灰砖砌体抗剪强度的标准值和设计值较规范值提高了 50%。

由式（6-11）、式（6-12）可知，抗剪强度标准值、设计值与试验平均值有直接关系。综合《蒸压粉煤灰砖建筑技术规程》（CECS 256：2009）规范组成员单位长沙理工大学、重庆建筑科学研究院、沈阳建筑大学、重庆大学、陕西省建筑科学研究院的 125 个蒸压粉煤灰普通砖砌体以及 51 个对比用的烧结砖砌体的试验结果表明：重庆市建科院、重庆大学、长沙理工大学、陕西省建研院、沈阳建筑大学蒸压粉煤灰普通砖砌体的试验值与 GB 50003 的计算平均值分别为 1.318、1.864、0.969、1.316、1.437[63]。

综合以上规范组成员单位试验数据，鉴于蒸压粉煤灰普通砖砌体抗剪强度平均值远大于现行砌体规范计算值，所以将《砌体结构设计规范》（GB 50003—2001）中有关蒸压粉煤灰砖砌体通缝抗剪强度指标提高约 15%，纳入《蒸压粉煤灰砖建筑技术规范》CECS 256，以有利于蒸压粉煤灰砖在地震设防区的推广与应用。

参 考 文 献

[1] 沈铮. 新型墙体材料发展现状 [J]. 吉林建筑工程学院学报, 2010, 27 (3): 36-39.

[2] 朱雅丽, 蔡辉. 粉煤灰蒸压砖的发展前景 [J]. 砖瓦, 2007, (8): 26-27.

[3] 李庆繁, 高连玉, 赵成文. 高性能蒸压粉煤灰砖生产工艺技术综述 [J]. 新型墙材, 2010, (7): 26-33.

[4] JC/T 239—2014 蒸压粉煤灰砖 [S].

[5] GB/T 2542—2012 砌墙砖试验方法 [S].

[6] 陈福广. 墙体材料手册 [M]. 北京: 中国建材工业出版社, 2005.

[7] 黄政宇. 建筑砂浆配合比速查手册 [M]. 北京: 中国建材工业出版社, 2001.

[8] JGJ 70—90 建筑砂浆基本性能试验方法 [S].

[9] JGJ/T 70—2009 建筑砂浆基本性能试验方法标准 [S].

[10] 赵述智, 王忠德. 实用建筑材料试验手册 [M]. 北京: 中国建材工业出版社, 1997.

[11] GB/T 50129—2011 砌体基本力学性能试验方法标准 [S].

[12] 倪校军. 蒸压粉煤灰砖砌体轴心受压性能试验研究 [D]. 重庆: 重庆大学土木工程学院, 2008.

[13] 东南大学, 同济大学, 天津大学. 混凝土结构 (上册): 混凝土结构设计原理 [M]. 北京: 中国建筑工业出版社, 2001.

[14] 侯汝欣, 刘晖, 罗金琼. 模数多孔砖砌体力学性能试验 [J]. 四川建筑科学研究, 1998, (2): 27-32.

[15] 施楚贤. 影响砖砌体强度的几个因素 [J]. 砌体结构研究论文集, 1989: 32-34.

[16] C. T. Grimm. Strength and related properties of brick masonry [J]. Journal of Structural Engineering, ASCE, 1975, 101 (1): 217-232.

[17] 鲁园春. 轴心受压砖砌体的试验与研究 [D]. 长沙: 湖南大学土木工程学院, 2005.

[18] 陶秋旺. 多孔砖砌体基本力学性能研究及有限元分析 [D]. 长沙: 湖南大学土木工程学院, 2005.

[19] GB 50003—2011 砌体结构设计规范 [S].

［20］Robert G，Drysdale，Ahmad A. Hamid and Lawrie R. Baker. Masonry structure behavior and design ［J］. Englewood Cliffs，New Jersey 07632，1994：52-60.

［21］Ahmad A. Hamid，Ambrose O. Chukwunenye. Compression behavior of concrete masonry prisms ［J］. Journal of Structural Engineering，ASCE，1986，112（3）：605-613.

［22］Tariq S. Cheema and Richard E. Klingner. Compressive strength of concrete masonry prisms ［J］. ACI Journal，1986，（1）：88-97.

［23］刘桂秋. 砌体结构基本受力性能的研究 ［D］. 长沙：湖南大学土木工程学院，2005.

［24］汤峰. 蒸压粉煤灰砖砌体基本力学性能试验研究 ［D］. 长沙：湖南农业大学，2007.

［25］《蒸压粉煤灰砖建筑技术规范》编制组.《蒸压粉煤灰砖建筑技术规范》背景资料 ［R］. 2008，12.

［26］高连玉. 论蒸压粉煤灰砖的制作与应用 ［J］. 砖瓦世界，2006，（11）：32-37.

［27］Shi chu xian. Analysis of the strength of compressive member of brick masonry under eccentric load ［J］. Third International Symposium on Wall Structures Vol. 1，Warsaw，1981：78-80.

［28］K. Naraine，S. Sinha. Behavior of brick masonry under cyclic compressive loading ［J］. J. Structure. Engrg ASCE，1989，115（6）：43-48.

［29］Lindia La Mendola. Influence of nonlinear constitutive law on masonry Pier stability ［J］. J. Struct. Engrg，ASCE，1997，123（10）：56-60.

［30］K. Naraine，S. Sinha. Model for cyclic compressive behavior of brick masonry ［J］. ACI，Struct. Journal，1991，88：32-38.

［31］朱伯龙. 砌体结构设计原理 ［M］. 上海：同济大学出版社，1991.

［32］庄一舟，黄承连. 模型砖砌体力学性能的试验研究 ［J］. 建筑结构. 1997，（2）：22-25.

［33］B. Powell，H. R. Hodgkinson. Determination of stress-strain relationship of brickwork ［J］. TN249，B. C. R. A Stoke on Trent，1976：136-149.

［34］Filippo Romano，Salvatore Gandusci，Gaetano Zingone. Cracked nonlinear masonry stability under vertical and lateral loads ［J］. Journal of Structural Engineering，ASCE，1993，119（1）：69-87.

［35］Madan A，et al. Modeling of masonry infill panels for structural analysis ［J］. J. Struct. Engrg. ASCE，1997，123（10）：1295-1302.

［36］曾晓明，杨伟军．砌体受压本构关系模型的研究［J］．四川建筑科学研究，2001，21（3）：8-10.

［37］王述红，唐春安．砌体开裂过程数值试验［M］．沈阳：东北大学出版社，2003.

［38］王述红，唐春安，吴献．砌体开裂过程数值模拟及其模拟分析［J］．工程力学，2005，22（2）：56-61.

［39］侯汝欣，梁爽．粉煤灰砖墙片抗震性能的研究［J］．四川建筑科学研究，1993，（3）：26-32.

［40］全学友，白绍良．页岩砖砌体应力-应变全曲线的试验研究［J］．1999年全国砌体结构学术会议论文集．北京：中国建筑工业出版社，1999：125-138.

［41］肖小松，吕西林．砌体弹性模量取值的评述［J］．四川建筑科学研究，1996，（4）：18-21.

［42］Krishna Naraine, Sachchidanand Sinha. Behavior of brick masonry under cyclic compressive loading［J］. Journal of Construction Engineering and Management，1989，115（6）：1432-1444.

［43］王庆霖．砌体结构［M］．北京：中国建筑工业出版社，1995.

［44］曹桓铭．蒸压粉煤灰砖砌体偏心受压、弯曲受拉及膨胀螺栓锚固性能试验研究［D］．重庆：重庆大学，2008.

［45］沈普生，罗国强．混凝土结构疑难释义［M］．3版．北京：中国建筑工业出版社，2003.

［46］沈祖炎，陈扬骥，陈以一．钢结构基本原理［M］．北京：中国建筑工业出版社，2005.

［47］徐有邻，周氏．混凝土结构设计规范理解与应用［M］．北京：中国建筑工业出版社，2002.

［48］唐岱新．砌体结构［M］．北京：高等教育出版社，2003.

［49］林文修，夏克勤．砌体的偏心受压试验［J］．四川建筑科学研究，1995，1：4-7.

［50］唐岱新，龚绍熙，周炳章．砌体结构设计规范理解与应用［M］．北京：中国建筑工业出版社，2003.

［51］金伟良，岳增国，高连玉．《砌体结构设计规范》的回顾与进展［J］．建筑结构学报，2010，31（6）：22-28.

［52］施楚贤，施宇红．《砌体结构设计规范》的回顾与进展［J］．建筑结构学报，2010，31（6）：22-28.

［53］施楚贤，刘桂秋，杨伟军．无筋砌体受压构件计算［R］．《砌体结构设

　　计规范》GB 50003 送审报告材料，2000：28-30.

[54] 杨伟军，施楚贤．偏心受压砌体构件偏心距计算的讨论［J］．建筑结构，1999，(11)：10-15.

[55] 高连玉，邹寿昌．DY 系列专用砂浆研制及应用［J］．硅酸盐建筑制品，1994，(2)：42-44.

[56] 童丽萍，赵自东，贺萍，等．黄河淤泥多孔砖砌体的抗剪强度试验研究［J］．建筑科学，2006，(3)：45-47.

[57] 郝彤，刘立新，王仁义，等．再生混凝土多孔砖砌体抗剪强度试验研究［J］．新型建筑材料，2006，(7)：51-53.

[58] 赵成文，代俊杰，高连玉，等．工业废渣混凝土多孔砖砌体抗震性能试验研究［J］．沈阳建筑大学学报：自然科学版，2008，24 (4)：553-556.

[59] 骆万康，等．砌体抗剪强度研究的回顾与新的计算方法［J］．重庆建筑大学学报，1995，(6)：41-49.

[60] 杨伟军，施楚贤．灌芯混凝土砌体抗剪强度的理论分析和试验研究［J］．建筑结构，2002，(2)：63-72.

[61] 吕伟荣．砌体基本力学性能及高层配筋砌块砌体剪力墙抗震性能研究［D］．长沙：湖南大学土木工程学院，2005.

[62] 骆万康，李锡军．砖砌体剪压复合受力动、静力特性与抗剪强度公式［J］．重庆建筑大学学报，2000，22 (4)：13-19.

[63] 高连玉．CECS 256《蒸压粉煤灰砖建筑技术规范》的编制及其创新点［J］．新型墙材，2010，(1)：30-37.